Inhalt

Das richtige Styling

Modische Mätzchen oder Notwendigkeit? Hier finden Sie die Antwort auf so manche strittige Styling-Frage!

Gesund und fit

Ob Sommerspaß oder Schneevergnügen: Mit der richtigen Pflege ist Ihr Hund für jede Jahreszeit richtig gerüstet.

Schön gepflegt!

Ein rundum gepflegter Hund ist eine Augenweide und fühlt sich im wahrsten Sinne des Wortes pudelwohl! Was zur richtigen Hundepflege gehört und was Sie darüber hinaus tun können, um Ihrem Vierbeiner optisch „den letzten Schliff“ zu verpassen erfahren Sie in diesem Buch.

Dabei gilt immer: Gesundheit und Wohlbefinden zuerst! Gepflegtes Fell, saubere Ohren und blitzblanke Zähne sind die Grundlage für ein gesundes Hundeleben. Der Hund muss sich eben einfach in seiner Haut und seinem Fell wohl fühlen. Wir wollen aus dem Vierbeiner kein Modepüppchen machen.

Ein rassegerechtes Styling ist vor allem auf Ausstellungen wichtig. Mit einem standardtypisch hergerichteten Hund werben wir aber auch im Alltag für seine Rasse. Und wer freut sich nicht über ein Kompliment eines wildfremden Menschen für den eigenen Hund?

Letztendlich liegt die Schönheit im Auge des Betrachters: Welche „Frisur“ oder welches Styling unser Hund trägt, bleibt letztendlich unserem persönlichen Geschmack überlassen – solange der Hund sich damit wohl fühlt und in seinem artgerechten Verhalten nicht eingeschränkt wird.

Pflege-grundlagen

Am Anfang war der Wolfspelz ...

Keine andere Tierart variiert in ihrer Erscheinung so stark wie der Hund. Neben Größe, Kopf- und Körperform ist es vor allem das Fell, das jede nur denkbare Länge, Farbe und Struktur haben kann.

Das „Ur"-Fell

Verglichen mit der heutigen Palette an bunten Modellen kommt der „Prototyp" Wolf fast langweilig daher. Sein schlichtes graues Fell ist aber nur auf den ersten Blick so unscheinbar. Beim genaueren Hinsehen bemerkt man, welch ausgeklügelte Allzweckjacke die Natur dem Ahnen unserer Hunde auf den Leib geschneidert hat. Das Wolfsfell entstand durch natürliche Selektion – es ist optimal an ein Überleben in freier Wildbahn angepasst. Alle Fellformen, die wir bei den heutigen Hunderassen und Mischlingen kennen, sind Variationen dieses Grundmodells (siehe folgende Doppelseite).

▸ **Fellstruktur** Die dichte Unterwolle isoliert den Körper. Im Winter ist dieses Unterhaar zum Schutz gegen die Kälte dichter, im Sommer ist es dünner. Zusätzlich sorgen winzige Muskeln an den Haarbälgen dafür, dass die Haare sich bei niedriger Außentemperatur aufrichten und sich so darin ein Luftpolster bilden kann, das noch besser vor Kälte schützt. Apropos: Auch der Mensch hat diese Muskeln, sie sorgen ebenfalls bei Kälte und bei innerer Erregung für Gänsehaut. Der dichte Pelz des Wolfes ist außerdem ein Schutzpanzer gegen Verletzungen – sei es bei Kämpfen oder bei Streifzügen durch dorniges Unterholz. Der Wolfspelz muss seinen Träger nicht nur vor den Unbilden der Natur schützen, er muss auch selbstreinigend sein. Abgetrockneter Schmutz fällt von den festen, glatten Deckhaaren ab. Die Unterwolle fällt entweder direkt aus oder wird abgestreift, wenn der Wolf sich durch dichtere Vegetation bewegt. Die längeren Grannenhaare lassen Regenwasser abperlen und beinhalten den Farbstoff Melanin.

▸ **Farbe** Die einzelnen Grannenhaare sind beim Wolf gebändert: Helle und dunklere Banden wechseln sich ab und erzeugen so den Eindruck eines grauen Fells. An bestimmten Körperstellen sind die Haare einheitlich hell, nämlich an den Überaugenflecken, am Fang, an der Kehle, an den Wangen, den

Ganz schön haarig!

Grundsätzlich hat jeder Hund zwei Haararten: Längere, härtere Grannenhaare (Deckhaar) und kürzere, feinere Wollhaare (Unterwolle).

Durch Mutation entstanden Haar-Variationen: Verlängerte oder verkürzte Grannen- und/oder Wollhaare und Locken.

Je weiter sich ein Felltyp von der ursprünglichen Form entfernt hat, desto pflegeintensiver ist das Haarkleid.

Läufen und der Analregion. Es gibt übrigens nicht nur graue Wölfe, sondern auch schwarze und weiße.

- **Haarlänge** Auch sie variiert je nach Körperregion, im Gesicht und an den Läufen sind die Haare kürzer. So verdecken sie nicht die Sicht und weder Schlamm noch Eisklumpen können sich festsetzen und die Fortbewegung behindern.

Veränderte Verhältnisse beim Haustier Hund

Wölfe sind in der Wildnis zuhause – Hunde leben in unserem Wohnzimmer und schlafen nicht selten bei uns im Bett. Sauberkeit, Hygiene und ein gepflegtes Umfeld sind für die meisten Hundebesitzer ein Bedürfnis. Deshalb muss der Mensch mit Kamm, Bürste etc. nachhelfen, damit das Hundefell gepflegt und der Teppich sauber bleibt. Je nach Haartyp und Größe des Hundes kann sich der Pflegeaufwand teilweise erheblich unterscheiden. Auch die benötigten Pflegeutensilien variieren je nach Typ. Zur Grundausstattung gehören Bürsten und Kämme, bei kurzhaarigen Hunden reicht ein Pflegetuch oder -handschuh. Eine Haarschneideschere bei langhaarigen Hunden und diverse Spezialutensilien vom Trimmmesser bis zur Schermaschine kommen je nach Felltyp und Bedarf hinzu. Bei manchen Rassen empfiehlt sich der regelmäßige Besuch beim Hundefriseur.

***Das Wolfsfell** ist optimal an die natürliche Umwelt angepasst.*

SMART

Jeder Hund haart

› **Oft liest man,** dass bestimmte Rassen nicht haaren. Das ist nicht ganz korrekt, denn jedes Haar wird am Ende seiner Wachstumsphase abgestoßen. Bei manchen Rassen (etwa kraushaarigen) fallen die losen Haare allerdings nicht zu Boden, sondern bleiben im Fell hängen.

Stockhaar

▸ Mittellanges Deckhaar mit Unterwolle. Verliert während des Fellwechsels viel Unterwolle. Regelmäßiges Bürsten, um abgestorbene Unterwolle zu entfernen. Gut geeignet sind zweiseitige Bürsten mit härteren und weicheren Borsten. Bei den harten Borsten auf abgerundete Enden achten, um Hautverletzungen zu vermeiden! Typische Rassen sind Deutscher Schäferhund und Husky. Kürzeres Stockhaar hat zum Beispiel der Labrador. Als Langstockhaar bezeichnet man einen Mitteltyp zwischen Stockhaar und Langhaar (etwa beim Schäferhund).

Kurzhaar

▸ Verkürztes Deckhaar mit reduzierter bis fast vollständig fehlender Unterwolle. Beispiele sind der Dobermann, Whippet, Italienisches Windspiel. Kurzhaarige Hunde sind nicht ausreichend gegen starke Kälte geschützt und sollten sich nicht zu lange bewegungslos bei tiefen Temperaturen aufhalten. Zur Pflege reicht eine weiche Bürste bzw. ein Pflegetuch oder -handschuh. Auch wenn kurzhaarige Hunde pflegeleicht sind: Die kurzen Haare bohren sich wie Stacheln in Kleidung, Teppich und Möbelbezüge!

Langhaar

▸ Verlängertes Deckhaar bei dichter Unterwolle. Je nach Dicke der Deckhaare kann das Erscheinungsbild variieren: Rassen mit grobem Deckhaar sind Spitze und Samojeden; mittelgrobes Deckhaar haben Neufundländer und Hovawart; feines Deckhaar findet man bei Settern und Spaniels. Bei manchen Rassen gibt es verschiedene Typen. Üblicherweise bezeichnet man solche Hunde als „Langhaar“, wenn sie ein kurz behaartes Gesicht aber lange Haare an der Unterseite der Rute und an den Hinterseiten der Beine haben („Fahne“ und „Befransung“).

Seidenhaar

▸ Sehr langes und feines Deck- und Unterhaar, auch auf dem Kopf, und bildet so einen langen Pony und einen langen Bart an Ober- und Unterkiefer. Typische Rassen sind Yorkshire Terrier, Malteser und Shih Tzu. Manche Langhaarhunde mit feinem Deckhaar haben auch Pony und Bart, etwa manche Cocker und Afghanen. Die standardgerechte Fellpflege ist recht aufwendig. Wer nicht auf Ausstellungen geht, ist oft mit einem pflegeleichten und hundgerechten „Kurzhaarschnitt“ besser beraten.

Rauhaar

▸ Hier ist das Deckhaar verlängert und vergröbert. Typisch sind Fransen über den Augen und ein Bart. Weitere Bezeichnungen sind Drahthaar und Stichelhaar. Die Länge und die Struktur können sich unterscheiden, man in einer Rasse unterschiedliche Typen finden kann (etwa beim Rauhaardackel). Die meisten Terrierrassen sind rauhaarig. Die optimale Pflege für rauhaarige Rassen ist das regelmäßige Trimmen (siehe Seite 34). Man kann dies selbst lernen oder von einem Fachmann durchführen lassen.

Kraushaar

▸ Lockige Haare sind spiralförmig gedreht. Dadurch fallen abgestorbene Haare nicht aus, sondern bleiben im Fell hängen: Bei mangelnder Pflege neigt dieses Fell daher zu Verfilzungen. Kraushaarige Rassen mit kontinuierlich wachsendem Haar sind der Pudel, Lagotto Romagnolo und Spanischer Wasserhund. Kraus- und kurzhaarig ist der Curly Coated Retriever. Kraushaarige Hunde mit längerem Fell werden meist geschoren, entweder als Komplett-Schur oder nach Geschmack, zum Beispiel als Löwenschur beim Pudel.

Kontinuierlich wachsendes Haar

▸ Kann entweder glatt bzw. gewellt (Malteser, Soft Coated Wheaten Terrier) oder kraus (Pudel) sein. Hunde mit solchem Haarkleid werden manchmal als „nicht haarend“ bezeichnet. Regelmäßiges Bürsten ist wichtig, um Hautprobleme und Juckreiz zu vermeiden. Verfilzungen entstehen schnell und sollten durch konsequente Pflege verhindert werden (siehe auch folgende Seiten). Zur Erleichterung der Pflege und für das Wohlbefinden des Hundes kann der Hund geschoren werden.

Sonstige Haararten

▸ Drahthaar ist Rauhaar (etwa der Deutsch Drahthaar oder der Drahthaar Foxterrier). Bei Glatthaar handelt es sich um Kurzhaar oder kurzes Stockhaar. Meist bezeichnet man damit die Variante einer Rasse, die auch in einer anderen Haarart vorkommt (Glatthaar Foxterrier neben Drahthaar Foxterrier). Zotthaar ist kontinuierlich wachsendes Haar, das ungekämmt zu Schnüren (Zotten) oder zu Platten verfilzt. Zotthaarige Hunde sind der Puli oder der Schafpudel, eine altdeutsche Hütehundrasse.

Schönes Haar ist dir gegeben

Nicht jeder Hund lässt sich einem klar definierten Felltyp zuordnen, oft sind die Übergänge fließend. Vor allem bei Mischlingen gibt es häufig Zwischenformen. Aber auch bei Rassehunden gleicht nicht immer „ein Ei dem anderen". So sieht man etwa beim Rauhaardackel ganz verschiedene Typen:

Damit Langhaar so prachtvoll zur Geltung kommt, bedarf es gründlicher Pflege.

Während der eine ein recht kurzes, glatt anliegendes Fell mit nur kurzem Bart und Brauen hat, ist der andere fast wollig und verstrubbelt. Die Definition eines Felltyps kann ebenfalls variieren. So wird das Seidenhaar manchmal als verlängertes und verfeinertes Deck- und Wollhaar bezeichnet, an anderer Stelle wieder als reines Wollhaar ohne Deckhaare. Und bei manchen Rassen ist man sich nicht einig, welchem Felltyp sie zuzuordnen sind: Ist der Samojede langhaarig oder doch langstockhaarig? Sie sehen, es lässt sich buchstäblich nicht alles über einen Kamm scheren! Auch die Tabelle auf der vorhergehenden Doppelseite bietet nur eine grobe Einteilung. Wenn Sie Probleme haben, den Felltyp Ihres Hundes zu bestimmen, hilft Ihnen ein guter Hundefriseur weiter.

Langhaarpflege: ein Geduldsspiel

Vor allem während des Fellwechsels kann die Entfernung der abgestorbenen Unterwolle recht zeitintensiv sein. Trotzdem sollte man es mit der Fellpflege genau nehmen, denn die abgestorbenen Haare können mit dem restlichen Fell verfilzen und zu Entzündungen der darunter liegenden Haut führen. Haben sich erst einmal Verfilzungen gebildet, hilft oft nur noch die Schere oder Schermaschine. Dann heißt es: Ab zum Hundefriseur oder Tierarzt! Vor allem langhaarigen Hunden kann es wehtun, wenn man zu grob mit der Bürste oder dem Kamm hantiert. Bleiben Sie also immer behutsam, halten Sie die einzelnen Strähnen beim Auskämmen bzw. -bürsten nahe der Wurzel fest. Gewöhnen Sie bereits den Welpen an die Pflegeprozedur, beginnen Sie mit einer weichen Bürste, arbeiten Sie mit viel Lob und hören Sie anfangs nach kurzer Zeit wieder auf. Üben Sie täglich und integrieren Sie das Pflegeprogramm in den Tagesablauf. Langhaarige Hunde, die schlechte Erfahrungen beim Bürsten gemacht haben, können diesbezüglich zum Problemfall werden. Beugen Sie dem also rechtzeitig vor!

Vor allem hinter den Ohren entstehen Verfilzungen, die leicht übersehen werden.

Körperkontakt unerwünscht

Wenn Sie einen erwachsenen langhaarigen Hund adoptieren, so vergewissern Sie sich, dass er sich problemlos bürsten und kämmen lässt. Es gibt übrigens auch Hunde, die generell heikel sind, was „ungebetenen“ Körperkontakt angeht. So tolerieren manche Hunde nicht, an den Pfoten oder anderen Körperstellen berührt zu werden. Sollten Sie merken, dass dies bei Ihrem Hund ein Problem werden könnte, sollten Sie dies nicht dulden. Eskaliert die Situation, nehmen Sie die Hilfe eines erfahrenen Hundetrainers in Anspruch. Aber auch unkomplizierte Hunde können die Geduld verlieren, wenn die Fellpflege zur Qual wird. Warten Sie deshalb nicht zu lange mit der Bekämpfung von Verfilzungen!

SMART

Filzalarm!

- **Problemstellen:** Hinter Ohren, zwischen und rund um Vorderbeine, Knie, Pfoten, um Geschlechtsorgane.
- **Tägliche Kontrolle!** Je länger man wartet, desto schlimmer wird der Filz. Entwirren mit grobzinkigem Kamm oder mit Filzmesser.
Oft geht's leichter, wenn man die Problemstellen vorher mit etwas Öl (Spezial Haaröl oder Pflanzenöl mit Wasser gemischt) anfeuchtet und dann entfilzt.

Pflege-utensilien

Die richtige Ausrüstung ist die halbe Pflege! Die andere Hälfte ist Ihre Zeit und Ihr Engagement.

Bei einem kurzhaarigen Hund reicht ein Pflegetuch oder -handschuh oder eine weiche Bürste, um das Fell je nach Haarwechsel und Verschmutzungsgrad wöchentlich oder auch häufiger auf Hochglanz zu bringen. Ein guter Staubsauger leistet wertvolle Dienste, um die kurzen Haare vom Teppich und den Möbeln zu entfernen. Bei allen anderen Haartypen, ob Stock-, Lang- oder Rauhaar, kommen Sie um die Anschaffung einer oder mehrerer guter Bürsten, Kämme und eventuell noch weiterer Pflegeinstrumente wie Scheren nicht herum. Investieren Sie bei der Anschaffung in gute Qualität und pflegen Sie die Geräte gewissenhaft. Bürsten und Kämme sollten regelmäßig (je nach Gebrauch wöchentlich oder monatlich) mit einem Haarshampoo oder Flüssigseife gewaschen und auf defekte Stellen kontrolliert werden. Tipp: Geben Sie vor dem Bürsten einen Spritzer Apfelessig auf die Bürste, das mindert strengen Hundegeruch.

Bürsten

Die Länge der Borsten richtet sich nach der Felllänge: Je länger das Fell, desto länger sollten die Borsten sein und desto größer die Borstenabstände.

- Material: Borsten aus Nylon (pflegeleicht), Tierhaar (gut für Welpen), Metall (für Hunde mit viel Unterwolle). Die Borstenenden müssen abgerundet sein. Schutzköpfchen können an den Haaren ziepen! Testen Sie die Bürste an Ihrem Unterarm – so fühlt sich das Bürsten auch für Ihren Hund an.

- Form: Herkömmliche Bürsten ähneln Haarbürsten für Menschen. Bei Kardätschen liegt der ganze Bürstenkörper ohne Stiel in der Hand. Doppelseitige Bürsten haben auf der einen Seite Natur-, auf der anderen Seite Nylon- und/oder Metallborsten. Zupfbürsten haben gebogene Metallborsten mit etwas weiterem Abstand (für Kraushaar zur Entfernung der Unterwolle oder von Verfilzungen).

Kämme

Auf abgerundete Zinken und behutsame Handhabung achten, um den Hund nicht zu verletzen.

▸ Material: Es gibt Kämme aus Kunststoff, Holz und Metall. Geeignet ist jedes Material, am haltbarsten sind Edelstahlkämme.

▸ Form: Je länger das Fell und je größer der Hund, desto länger die Zinken. Je dichter das Fell, desto weiter der Zinkenabstand. Bei sehr dichtem und langem Fell und bei Verfilzungen erst mit weitzinkigem Kamm beginnen, Feinarbeit dann mit engeren Zinken (praktisch: Es gibt Kämme mit weitem Zinkenabstand am einen und engem Abstand am anderen Ende). „T-Rake-Kämme“ ähneln einem Rechen und eignen sich für große Hunde mit langem, dichtem Fell. Flohkämme haben sehr engstehende Zinken, mit ihnen kann man auch kleinere Verfilzungen oder Verklebungen (etwa im Augenwinkel) entfernen.

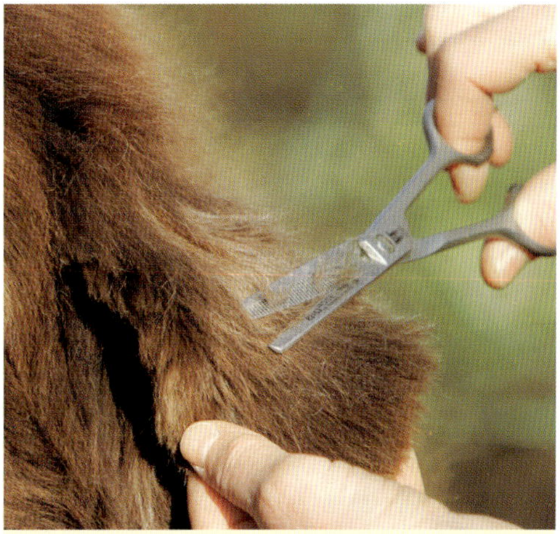

Wertvolle Helfer

Neben Bürsten und Kämmen gibt es noch weitere Utensilien, die die tägliche Pflege erleichtern. Hier finden Sie ein paar bewährte „Pflegehelfer“.

▸ Scheren: Zum Kürzen störender Haare zwischen den Ballen, über den Augen oder rund um Anus und Genitalien. Unbedingt auf abgerundete Spitzen achten! Bei kleinen Hunden reicht eine Nagelschere für Babys. Trocken lagern, um Roststellen zu vermeiden.

▸ Shedder: Einseitig gezahnter Metallreif, der an einem Griff durch das Fell gezogen wird. Entfernt lose Haare und ist vor allem während des Fellwechsels hilfreich.

▸ Entfilzer: Gibt es in verschiedenen Größen und Ausführungen. Mit ihm lassen sich Verfilzungen aufschneiden. Nur für den „Notfall“, denn besser ist es natürlich, Verfilzungen gar nicht erst entstehen zu lassen!

Haut- und Krallenpflege

Auch die Haut und die sogenannten „Hautanhangsgebilde“ (sprich: die Krallen) wollen gepflegt werden, damit der Hund sich rundherum wohl fühlt.

Hautpflege

Beim Hund ist fast die gesamte Körperoberfläche von mehr oder weniger dichtem Fell bedeckt. Ausnahmen bilden die Pfotenballen, der Nasenspiegel und die Innenseiten der Ohrmuscheln. Bei manchen Hunden sind ebenfalls der Unterbauch, die Innenseite der Oberschenkel und der Nasenrücken nur spärlich behaart. Vor allem bei hellhäutigen Hunden sollten diese Bezirke bei starker Sonneneinstrahlung mit einem Sonnenschutzmittel geschützt werden. Bei seidenhaarigen Hunden ist übrigens auch der am Rücken verlaufende Scheitel Sonnenbrand gefährdet! Körperstellen, an denen die Luft schlecht zirkulieren kann, neigen außerdem zu Hautentzündungen. Dies ist zum Beispiel der äußere Gehörgang bei dicht behaarten Hängeohren, bei Hunden mit starker Unterwolle jeder Bereich unter Verfilzungen oder die Haut generell (siehe Sommerekzem Seite 52). Außerdem kommt es in Hautfalten vermehrt zu Entzündungen, die sogenannte Hautfaltendermatitis oder Intertrigo, wenn diese nicht peinlich sauber und trocken gehalten und regelmäßig kontrolliert werden. Beim Cocker verbreitet ist das Lefzenekzem, bei kurzköpfigen Rassen sieht man oft entzündete Falten im Gesicht oder an der Rutenwurzel. Bei manchen Hündinnen können sich die Hautfalten neben dem Geschlecht entzünden. Reinigen Sie die Falten regelmäßig mit einem weichen, fusselfreien und angefeuchteten Tuch, vergessen Sie nicht das abschließende Abtrocknen. Hat sich die Haut bereits infiziert, gehen Sie zum Tierarzt. Dort bekommen Sie entsprechende Medikamente.

Hundekrallen nutzen sie sich beim Laufen ab. Man muss sie also nicht automatisch kürzen, sondern nur bei Bedarf.

Zeigt her Eure Füßchen

Hunde haben an den Vorderpfoten fünf Krallen (von denen die Daumenkralle den Boden nicht berührt), an den Hinterpfoten vier. Manche Hunde haben an den Innenseiten der Hinterbeine zusätzlich sogenannte Wolfs- oder Afterkrallen. Die normalen Krallen nutzen sich bei gesunden Hunden normalerweise beim Laufen ab und müssen nicht gekürzt werden. Bei Hunden, die nur wenig oder auf sehr weichem Boden laufen, bei alten Vierbeinern oder bei bestimmten Krankheiten (etwa Leishmaniose) kann eine Korrektur nötig werden. Kontrollieren Sie außerdem regelmäßig die Daumen- und Afterkrallen. Diese wachsen im Bogen und können schmerzhaft in die Haut einwachsen. Vor allem bei langhaarigen Hunden kann man dies leicht mal übersehen! Krallen kürzt man mit einer Krallenzange, je nach Größe des Hundes gibt es verschiedene Modelle. Es erfordert allerdings einige Übung, lassen Sie es sich vom Tierarzt zeigen und kürzen Sie die Krallen erst einmal unter seiner Aufsicht. Sie können natürlich die Pediküre auch in der Praxis oder im Hundesalon machen lassen, das kostet nicht viel und wird dann auf jeden Fall professionell und „ohne Blutvergießen“ erledigt. ●

SMART

Krallencheck

- **Steht der Hund gerade** auf einem ebenen Untergrund, sollten die Krallen kurz über dem Boden enden.
- **Bei dunklen Krallen** besonders vorsichtig sein: Hier sieht man die Blutgefäße nicht und kann so schnell ins „Leben“ schneiden.
- **Ist es doch einmal passiert:** Keine Panik, der Hund kann nicht verbluten! Drücken Sie die Kralle in ein Stück weiche Kernseife, das versiegelt.

Bei kurzköpfigen Rassen bildet die Gesichtshaut Falten.

Spezielle Pflege für spezielle Hunde

Manche Hunde weichen in punkto Fell von der Norm ab: Entweder sieht man vor lauter Fell buchstäblich nicht, wo vorne und wo hinten ist, oder sie haben gar keine Haare …

Diese „Spezialfälle" brauchen auch spezielle Pflege. Spielen Sie mit dem Gedanken, sich einen Hund dieser Rassen zuzulegen, so sprechen Sie vorher ausführlich mit erfahrenen Haltern und seriösen Züchtern. Dort lernen Sie auch die Probleme kennen, die in Sachen Pflege auf Sie zukommen können. Zwar spricht aus gesundheitlicher Sicht nichts dagegen, einen langhaarigen Hund abzuscheren (siehe Seite 38) – wenn Sie allerdings Wert auf ein rassetypisches Aussehen Ihres Vierbeiners legen und mit ihm Ausstellungen besuchen möchten, müssen Sie fit in der rassegerechten Pflege sein! Auf dieser Doppelseite erfahren Sie die wichtigsten Punkte, für detaillierte Informationen wenden Sie sich an die entsprechenden Zuchtclubs oder Ihren Züchter (Adressen siehe Infoecke). Ihr Züchter lässt Sie auch bestimmt gerne an einer „Pflegesession" teilnehmen und verrät Ihnen Tipps.

1 ◂ **Afghanen** Vor allem während der Umhaarungsphase (ab dem neunten Lebensmonat) ist tägliches Bürsten und Entfilzen Pflicht. Wer seine Langhaarschönheit ausstellen will, muss sich auf eine aufwändige Pflege gefasst machen. Wöchentliches Baden mit Haarkur oder -spülung und anschließendem Bürsten sowie tägliches Entfilzen der Problemstellen (zwischen Vorderbeinen, an Ellebogen, an Knien, hinter Ohren) ist nur das Basisprogramm.

▸ **Puli** Diese und andere kraushaarige Rassen (etwa Komondor) gibt es traditionell mit Schnüren oder mit Platten. So nennt man Verfilzungen, die mit den Fingern gezielt in Form gebracht werden. Am besten beginnt man bereits beim Junghund damit, die Haarkordeln von der Haut her in Form zupft. Das Fell um den Anal- und Geschlechtsbereich und an den Pfoten sollte kurz gehalten werden. Haare im äußeren Gehörgang werden ausgezupft. Die Ohrinnenseiten müssen filzfrei sein, um Entzündungen vorzubeugen.

◂ **Nackthunde** können – ähnlich wie Menschen – unterschiedliche Hauttypen haben: Je nach Veranlagung gibt es reine oder unreine, derbe oder zartere Haut. Angepasst an den Hauttyp unterscheiden sich die Pflegeansprüche. Mögliche Probleme können sein: Akne (etwa bei Junghunden zu Beginn der Hormonproduktion), Sonnenbrand (vor allem auf unpigmentierter Haut) und Altersflecken. Wichtig: Im Sommer immer an UV-Schutz denken! Rassen: Chinese Crested Dog und Inca Orchid Dog (meist gescheckt), Xoloitzcuintle (meist einfarbig dunkel).

Sinnesorgane

Für eine einwandfreie Orientierung und Kommunikation braucht der Hund gesunde und gepflegte Sinnesorgane. Durch die tägliche Pflege von Augen und Ohren wird Problemen vorgebeugt, außerdem erkennt man so rechtzeitig, wenn etwas nicht in Ordnung ist und kann entsprechende Maßnahmen einleiten.

Zur Augenreinigung genügt ein weiches und fusselfreies Tuch (zum Beispiel ein angefeuchtetes Papiertaschentuch). Sekret in den Augenwinkeln sollte einmal täglich, am besten morgens, entfernt werden. Hunde mit übermäßigem Augenausfluss bzw. verklebten Augen sollten dem Tierarzt vorgestellt werden. Werfen Sie immer auch einen Blick in die Augen: Eintrübungen, Rötungen oder Verletzungen müssen unbedingt tierärztlich untersucht und gegebenenfalls behandelt werden.

Tränensekret bildet bei hellen Hunden bräunliche Schlieren.

Freie Sicht für freie Hunde!

Stellen Sie sich vor, Ihnen hinge ständig ein Haarteppich vor den Augen, der Ihnen die Sicht raubt. Was würden Sie tun? Richtig: Entweder einen Zopf binden oder abschneiden! Genau das sollten Sie auch für Ihren zotteligen Freund tun. Gehen Sie mit Ihrem Rassehund (Bobtail, Yorkie und Co.) auf Ausstellungen und erfordert der Rassestandard ungekürztes Haar, so binden Sie im Alltag die Haare auf dem Oberkopf zu einem lockeren Zopf. Benutzen Sie dabei weiche Zopfbänder, um Haarbruch zu vermeiden. Beim reinen Familienhund dürfen Sie natürlich zur Schere greifen! Achten Sie aber darauf, dass die Ponyfransen nicht den Augapfel berühren, sonst können Hornhautentzündungen die Folge sein.

Hässliche Tränenstraßen

Vor allem bei Kleinhunden fallen oft sogenannte Tränenstraßen unterhalb der Augen auf. Schuld daran ist die Tränenflüssigkeit, die vor allem helles Haar verfärbt. Gerade bei kurzschnäuzigen Rassen kann es, bedingt durch zu enge Tränenkanäle, zu einem „Überlauf" der Tränenflüssigkeit kommen. Betroffen sind zum Beispiel Malteser, Bichons und helle Toypudel. Eventuell kann eine Spülung der Kanäle beim Tierarzt Besserung bringen, meist kehrt das Problem aber nach einiger Zeit wieder zurück. Um der Entstehung vorzubeugen, waschen Sie am besten die Augenumgebung jeden Morgen mit etwas lauwarmem Wasser und trocknen Sie die Haare danach ab. Benutzen Sie keine Seife und kein Shampoo, denn diese können das Auge reizen!
Bei bereits vorhandenen Verfärbungen hilft „Tränensteinentferner" (gibt es im Fachhandel). Die rötlichen Haarverfärbungen entstehen übrigens auch durch Speichel und finden sich deshalb oft auch rund um den Fang und manchmal an den Pfoten, wenn der Hund sie stark beleckt.
Verkrustungen im Fell, vor allem rund um den inneren Augenwinkel, stellen sich bei bärtigen Rassen sehr schnell ein. Hier hilft es, die Krusten zuerst mit etwas lauwarmem Wasser einzuweichen. Mit einem engzinkigen Flohkamm löst man sie dann vorsichtig aus dem Fell. ●

Sieht zwar witzig aus – dafür sieht er nix!

SMART

Kranke Augenlider

- **Bei angeborenen Lidfehlern** nützt die beste Pflege nichts, der Hund muss operiert werden! .
- **Beim Entropium** rollt das Lid nach innen, die Wimpern reizen das Auge.
- **Beim Ektropium** dreht sich meist das Unterlid nach außen, die Bindehaut liegt frei und entzündet sich leichter.

Ohrenpflege

Ebenfalls einmal täglich sollten Sie die Ohren kontrollieren. Reinigen Sie die äußeren Bereiche mit einem angefeuchteten Tuch. Dringen Sie dabei nicht weiter ins Ohr ein, als Sie sehen können! Wattestäbchen sind tabu, wickeln Sie sich stattdessen ein Kleenex oder Papiertaschentuch um den Finger. Unangenehmer Geruch, Ausfluss und/oder Schmerzen müssen immer tierärztlich abgeklärt werden. Halten Sie bei schlappohrigen Hunden die Haare außen und innen am Behang sowie an der Wange unter dem Behang immer peinlich sauber und etwas gekürzt. Kontrollieren Sie vor allem im Sommer und im Frühherbst nach dem Spaziergang, ob sich Grasspelzen im Eingangsbereich der Ohren befinden und entfernen Sie diese. Solche „Grannen" können bis zum Trommelfell eindringen und böse Entzündungen auslösen. Von Grannen heimgesucht werden vor allem lang- und rau- oder kraushaarige Hunde mit Schlappohren. Hat sich eine solche Granne erst einmal über dem Trommelfell festgesetzt, hilft nur noch der Tierarzt. Ohrspülungen werden von manchen Hundebesitzern prophylaktisch durchgeführt, sind aber beim gesunden Hundeohr nicht nötig. Manche Hunde, die zu Ohrentzündungen neigen (zum Beispiel manche Cocker Spaniel) profitieren von einer regelmäßigen Spülung mit einem speziellen Ohrreiniger. Machen Sie dies aber bitte nicht auf eigene Faust, sondern sprechen Sie vorher mit Ihrem Tierarzt und lassen Sie sich ein geeignetes Präparat empfehlen.

Hunde mit schweren Hängeohren neigen zu Ohrentzündungen.

Behaarte Gehörgänge

Kraushaarige und bärtige Rassen wie etwa Pudel haben meist behaarte Gehörgänge. Bei starker Ohrenschmalzproduktion können Schmalz und Haare verklumpen und so Pfropfen bilden und Entzündungen verursachen. Mit den Fingern oder einer Spezialpinzette werden diese Haare ausgezupft, bevor es soweit kommt. Lassen Sie dies entweder vom Tierarzt oder Hundefriseur machen oder sich die Prozedur vom Tierarzt bzw. Züchter zeigen. Bei langhaarigen Hunden sind die Haare hinter den Ohren besonders fein und verfilzen leicht. Kontrollieren Sie diese Stellen täglich und entwirren Sie Verfilzungen rechtzeitig (siehe Seite 11).

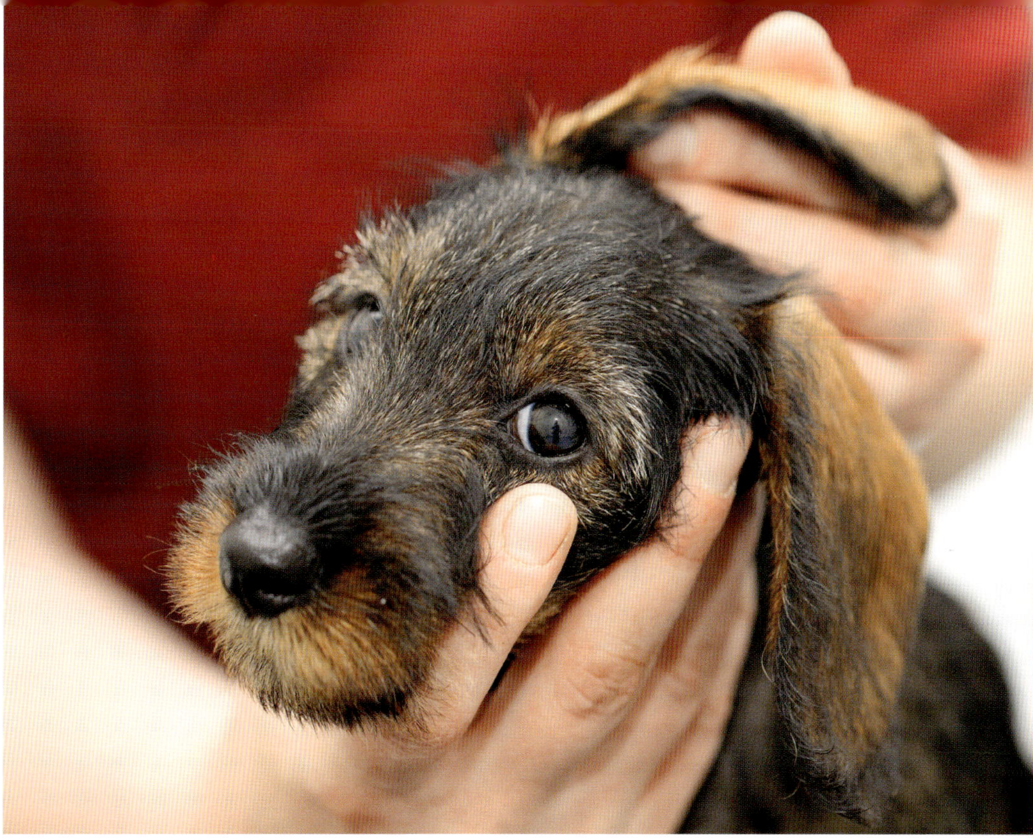

Gewöhnen Sie bereits ihren Welpen an die regelmäßige Ohrenkontrolle.

Parasiten

Dort, wo die Ohrmuschel vorne am Kopf ansetzt, befindet sich ein zweigeteiltes dünnes Häutchen. Hier setzen sich mit Vorliebe Zecken ab. Kontrollieren Sie deshalb vor allem während der Saison diese Stelle regelmäßig. Weitere Störenfriede sind Ohrmilben: Diese mit bloßem Auge kaum zu erkennenden Spinnentiere leben in der Tiefe des äußeren Gehörgangs. Alarmzeichen sind dunkelbraunes, krümeliges Sekret und Juckreiz in den Ohren. Beim Verdacht gilt: Ab zum Tierarzt! Sowohl gegen Zecken als auch Ohrmilben gibt es wirksam vorbeugende Spot-On-Präparate, die auf den Widerrist des Hundes geträufelt werden und für circa vier Wochen Schutz bieten. Ohrmilben sind für den Menschen nicht ansteckend, für andere Hunde hingegen schon.

SMART

Snoods

- **Viele Afghanen** bekommen während des Fressens spezielle Mützen angezogen. So wird verhindert, dass das Fell mit Futter und Speichel verklebt bzw. beim Benagen von Knochen mit angekaut wird.
- **Beim Spaziergang** schützen sie die Ohren vor Fremdkörpern. Erhältlich sind sie übers Internet, beim Spezialversand oder auf Ausstellungen.
- **Selbst machen** kann man sie zum Beispiel aus einer Strumpfhose.

Zahnpflege leicht gemacht

Gesunde Zähne und Zahnfleisch sind fürs (Fr)essvergnügen unentbehrlich. Regelmäßige Maulhygiene ist deshalb die Basis für eine gesunde Ernährung.

Hundewelpen kommen zahnlos auf die Welt. Bis zur 6. Lebenswoche brechen die 28 Milchzähne durch, bis zum 6. Monat ist der Zahnwechsel zum bleibenden Gebiss abgeschlossen. Dieses besteht aus 42 Zähnen: 12 Schneidezähne, 4 Eckzähne und 26 Backenzähne. Die Hauptaufgabe der Hundezähne – das Festhalten und Zerreißen der Beute – hat schon seit Langem der Mensch übernommen. Die Zähne sind also vor allem beim Bearbeiten harter und zäher Nahrungsmittel (Knochen, Pansen etc.) und beim Spielen von Bedeutung.
Und dieser Aspekt ist für die Zahnpflege interessant!
Nackthunde stellen übrigens nicht nur in punkto fehlender Behaarung eine Laune der Natur dar: Sie haben ein unvollständiges Gebiss. Anderen Hunden können ebenfalls ein oder zwei Zähne fehlen. Dies ist – im Gegensatz zum Nackthund – allerdings für die Futteraufnahme unerheblich und stört höchstens den Schönheitsrichter.

Ob Mundgeruch auch Hunde stört…?

Aller Anfang ist leicht …

Bereits Welpen sollten an die regelmäßige Zahnpflege gewöhnt werden. Beginnen Sie damit, die Milchzähne spielerisch mit einem Wattestäbchen, eventuell betupft mit etwas Hundezahnpasta, zu reinigen. Beenden Sie die Übung mit etwas Angenehmen, zum Beispiel einem Spiel. Gehen Sie später zu einer weichen Kinderzahnbürste, einer speziellen Hundezahnbürste oder einem Fingerling über. Bleiben Sie konsequent: Nur die regelmäßige Zahnpflege beugt Zahnstein vor!
Zahnstein kommt besonders häufig bei kleinrassigen Hunden vor. Am Anfang steht die Ansammlung von Futterresten zwischen den Zähnen. Diese Futterreste sorgen zusammen mit mineralischen Ablagerungen für

die Entstehung von Zahnbelag (Plaque). Wird der nicht entfernt, entsteht im Laufe der Zeit Zahnstein. Bakterielle Zersetzung führt zusätzlich zu üblem Geruch und Zahnfleischentzündungen. Im fortgeschrittenen Stadium können die Zähne locker werden und sogar ausfallen.
Wölfe halten Ihre Zähne durch das Zerbeißen der zähen Teile ihrer Beute sauber (behaarter Haut, Mägen, Knochen). Wir müssen unseren Hunden Ersatz bieten: Gekochte Kalbsknochen, Büffelhautknochen, Pansen, Ochsenziemer ... Es gibt im

SMART

Problemzähne

- **Zwergrassen** (Hunde unter drei Kilogramm) haben häufiger starken Zahnstein als größere Rassen. Zahnfleischentzündungen und lockere Zähne kommen bei ihnen ebenfalls häufiger vor.
- **Kurzköpfige Rassen** (Mops, Pekingese, Bulldogge) haben oft verschobene Backenzähne (die gleiche Anzahl Zähne auf viel weniger Platz). „Kulissengebiss" nennt man solche Fehlstellungen.

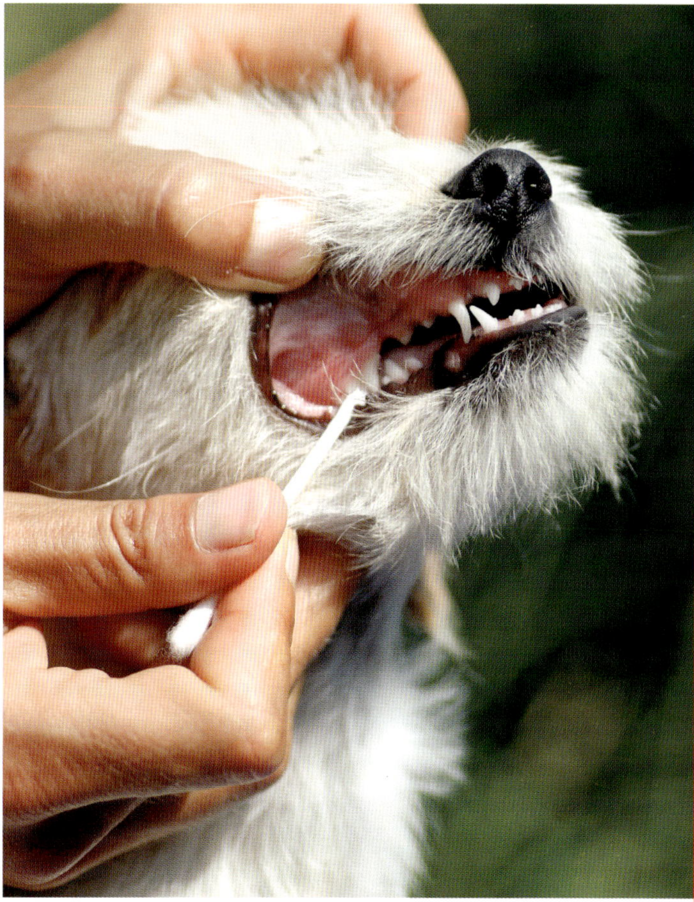

Was Hänschen nicht lernt ...

Zoofachhandel und an der Fleischertheke viele Möglichkeiten, Zahnpflege mit Spaß und Gaumenfreude zu verbinden. Vorsicht allerdings bei Hunden, die schon Probleme haben: Ihr Zahnfleisch kann durch das intensive Kauen zusätzlich gereizt werden.

Bartpflege

Bärtigen Hunden sollte nach jeder Mahlzeit das Haar rund um den Fang zumindest abgewischt werden. Langhaarige Hunde können Sie daran gewöhnen, während des Fressens einen „Schlabberlatz" zu tragen, um das Brustfell sauber zu halten.

Genitalien und After

Eigentlich sind Hunde reinliche Tiere, die ihre intimen Körperteile selbst sauber halten. Kontrolle durch den Menschen ist zwar gut und wichtig, spezielle „Intimpflegepräparate“ für Hunde sind allerdings übertrieben und schaden mehr als sie nutzen.

Geschlechtsteile

▸ **Kontrollieren Sie** die Geschlechtsteile und den After Ihres Hundes regelmäßig, bei Hunden mit sehr langem Fell besser täglich. Ein kurzer Blick genügt in der Regel, um Ausfluss, Verschmutzungen, Verletzungen oder sonstige Veränderungen zu erkennen.

▸ **Die meisten unkastrierten Rüden** entwickeln den harmlosen, aber für menschliche Mitbewohner mitunter störenden Vorhautkatarrh. Hierbei tritt gelbes bis gelbgrünes Sekret aus der Vorhaut aus. Es gibt beim Tierarzt spezielle Spüllösungen, mit denen man dieses Problem einigermaßen in den Griff bekommt. Vollständig verschwindet der Ausfluss allerdings erst nach einer Kastration. Bei Hündinnen ist jede Art von gelblichem Ausfluss ein Grund, den Tierarzt zu konsultieren. Bei Welpen und Junghündinnen vor der ersten Läufigkeit ist die Ursache zwar meist harmlos, bei geschlechtsreifen Tieren kann hingegen eine Gebärmuttervereiterung dahinter stecken.

▸ **Halten Sie bei langhaarigen Hunden** das Fell rund um Vulva bzw. Penis und an den Innenseiten der Oberschenkel kurz. So vermeiden Sie stinkende Verklebungen durch Urinreste sowie das schmerzhafte Festsetzen von Fremdkörpern.

After

In der Regel ist der Anus des Hundes sauber. Leidet der Hund allerdings unter Durchfall, so können die angrenzende Umgebung sowie die Unterseite der Rute kotverschmiert sein. Waschen Sie die betroffenen Stellen mit einer milden Seifenlösung ab. Bei langhaarigen Hunden halten Sie am besten das Fell rund um den Anus etwas kürzer. So erleichtern Sie sich die Pflege. Kontrollieren Sie die Hinterseite beim langhaarigen Hund täglich! Nicht selten kommt es vor, dass fest hängender Kot eintrocknet, den Anus so regelrecht verschließt und dem Hund großes Unwohlsein beschert. Außerdem kön-

Läufigkeit

Blutet Ihre Hündin stark während der Läufigkeit, können Sie ihr ein „Läufigkeitshöschen“ (aus dem Zoofachgeschäft oder vom Tierarzt) anziehen und eine Binde in passender Größe einlegen.

Im Haus schonen Sie so Möbel und Teppiche vor Blutflecken.

Auf Spaziergängen müssen Sie aber trotzdem gut aufpassen – die Rüden riechen den Braten trotz Höschen!

Bei manchen Hunden müssen die Analdrüsen regelmäßig entleert werden, um Entzündungen vorzubeugen.

nen im Sommer Fliegen ihre Eier auf solche Stellen ablegen, die ausschlüpfenden Maden fressen sich dann regelrecht in den Enddarm hinein. Dies ist es für den Hund äußerst unangenehm bis gefährlich und auch für den Besitzer nicht gerade löblich – kann man den sogenannten Madenfraß doch durch die entsprechende Hygiene zuverlässig vermeiden.

Analdrüsen

Diese Drüsen sitzen rechts und links des Afters. Sie produzieren die Duftstoffe des Hundes und werden normalerweise beim Kotabsatz entleert. Die Ausführungsgänge dieser Drüsen können zum Beispiel bei Verdauungsstörungen verstopfen und müssen dann von Hand entleert werden (macht der Tierarzt oder Hundefriseur). Wenn sich die Analdrüsen entzünden, spült sie der Tierarzt mit einer speziellen Kanüle und verordnet je nach Schwere der Entzündung auch Medikamente. Wenn Sie rund um den Anus Blut oder sonstiges Sekret entdecken und der Hund an der Stelle berührungsempfindlich ist oder Schlitten fährt (siehe Kasten), sollten Sie ihn zum Tierarzt bringen.

SMART

Schlittenfahren

- **Der Hund stemmt sich** mit den Vorderbeinen ab und zieht den Popo in sitzender Haltung über den Fußboden.
- **Ursache** sind entweder verstopfte Analdrüsen oder Wurmbefall. Lassen Sie die Analdrüsen kontrollieren und entleeren.
- **Bringen Sie** eine Kotprobe des Hundes mit oder verabreichen Sie ein entsprechendes Präparat gegen Bandwürmer (falls die letzte Wurmkur schon länger zurückliegt).

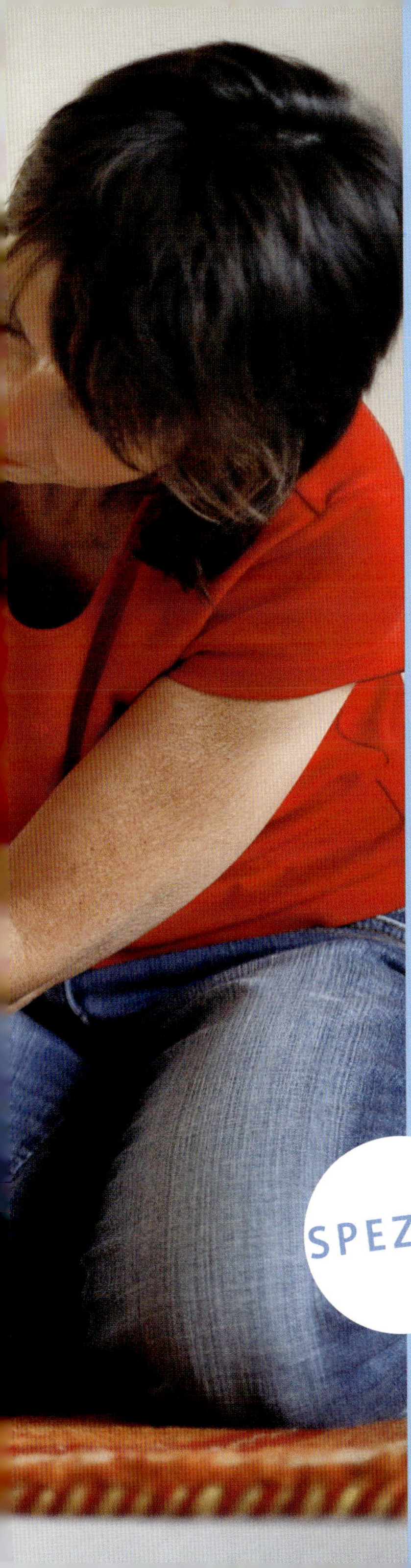

Das richtige Styling

Grundlagen Hundestyling

Alles, was über die Gesundheits- und Wohlfühlpflege hinausgeht, ist Styling. Hierbei gibt es keine zwingenden Vorschriften, es sei denn, wir möchten unseren Rassehund auf einer Ausstellung vorführen. In diesem Fall gelten ganz genaue Vorgaben, wie unser Hund rassegerecht zurechtgemacht wird. Ungeübte Hundebesitzer überlassen das Styling einer „aufwändigen" Rasse (etwa beim Pudel, Schnauzer, den meisten Terrierrassen) besser einem Profi. Für den Alltag können Sie Ihren Hund stylen, wie es Ihnen gefällt – solange der Hund dadurch nicht in seinem Wohlbefinden beeinträchtigt wird. Es gibt je nach Haartextur verschiedene Stylingmethoden. Rauhaarige Hunde werden in der Regel getrimmt. Dabei werden abgestorbene Haare mit den Fingern oder einem Trimmmesser ausgezupft. Rassen mit weicherem oder gelocktem Fell werden geschoren. Beide Techniken erfordern einiges an Übung und sollten von einem Profi durchgeführt werden. Wer sich diese Kunst selbst aneignen möchte, etwa als begeisterter Aussteller oder angehender Züchter einer entsprechenden Rasse, kann dies in einem Trimm- oder Scherkurs tun. Langhaarige Hunde, die weder geschoren noch getrimmt werden, kann man trotzdem mit der Haarschneideschere etwas „in Form" bringen, um die Silhouette eleganter zu machen. Vielen kurz- oder langhaarigen Rassen (etwa Spaniel, Bulldoggen etc.) werden vor Ausstellungen sogar die Tasthaare an der Schnauze gekürzt. Das ist zwar erlaubt, aber für die Hunde bestimmt nicht angenehm. Bei manchen seidenhaarigen Rassen wie Yorkshire Terriern werden die bodenlangen Haare zu kleinen Päckchen aufgewickelt, um Haarbruch zu vermeiden. Diese Prozedur sollte sich allerdings auf Hunde während der Ausstellungskarriere beschränken – im Alltag ist ein solches Programm kaum realisierbar.

Vom Scheitel bis zur Sohle

Ziehen Sie bei Rassen mit langem, glattem Haar (Yorkie, Malteser, Shi Tzu etc.) einen Scheitel auf dem Rücken. So fällt das Haar auf beiden Seiten gleichmäßig herab und wirkt gepflegt.

Warum nicht mal Zöpfe flechten? Ein paar eingeflochtene Zöpfe am Körper oder am Oberkopf sehen pfiffig aus, sorgen für mehr Bewegungsfreiheit und bessere Sicht!

Geschmackssache: Accessoires

Welche Accessoires Sie für Ihren Hund auswählen, bleibt Ihrem Geschmack und Geldbeutel überlassen. Haarspangen und -schleifchen für lange Ponyfransen, Halsbänder oder Brustgeschirre gibt es in allen nur erdenklichen Materialien und Modellen. Ob mit Glitzersteinen oder schweren Nieten beschlagen – wichtig ist, dass es den Hund nicht beeinträchtigt, weder drückt noch scheuert. Für viele Rassen gibt es typische Halsbänder: Windhunde tragen oft breite Lederhalsbänder. Französische Bulldoggen und Molosser sieht man häufig mit schweren, nietenbeschlagenen Halsbändern, die oft noch zusätzlich mit Dachshaaren verziert sind. Dobermänner werden oft an feingliedrigen Metallketten geführt. Vor allem solch dünne Bänder haben nur Zierfunktion: Zieht der Hund stark daran oder wird er gar mit so einem Halsband zurückgerissen, können daraus Verletzungen des Kehlkopfes, der Luftröhre und der Halswirbelsäule resultieren. Schwere Halsbänder führen auf Dauer zu Haarbruch, Haarspangen ebenso. Halsbänder aus Metall können helleres Haar außerdem verfärben. Am wenigsten „Nebenwirkungen" haben leichte Nylonhalsbänder oder Geschirre. Wählen Sie im Zweifelsfall lieber ein breiteres als ein schmales Band, um den Hals Ihres Hundes zu schonen. Nehmen Sie dem Hund über Nacht alle Halsbänder und Spangen ab, ebenso bei wilden Spielen. Viele Hunde tragen schicke Halstücher – auch hier sind Ihrem Geschmack keine Grenzen gesetzt. Hütchen, Sonnenbrillen etc. sehen zwar auf Werbefotos niedlich aus, sollten dem Hund aber auch höchstens für ein Foto aufgesetzt werden!

Mit Schleifchen und Rückenscheitel: Stilechter Yorkie.

SMART

Chemie – nein danke!

- **Haarspray und Gel** sind nichts für Hunde. Der Sprühnebel kann die Augen, abgeschleckte Substanzen den Magen reizen.
- **Pflegeprodukte für Hunde** werden mittlerweile auch ökologisch hergestellt. Chemische Parasitenmittel können die Haut irritieren.

Im Hundesalon

Fachgerechtes Scheren und Trimmen ist eine Kunst für sich: Beides sollte von einem Profi durchgeführt werden. Doch wie findet man einen kompetenten Hundesalon? Gute Adressen erfährt man zum Beispiel vom Züchter oder Zuchtklub. Sie können natürlich auch einen Hundebesitzer ansprechen, dessen gut gepflegter und zurechtgemachter Hund Ihnen auf der Straße oder auf dem Spaziergang aufgefallen ist – bestimmt wird er Ihnen gerne den Salon seines Vertrauens weiterempfehlen. Auch über das Internet findet man Hundesalons in der Nähe. Der Vorteil des Internets liegt auf der Hand: Auf der Homepage können Sie erstmal in aller Ruhe die Angebote ansehen und miteinander vergleichen.

Kein geschützter Beruf

- Anders als der „Menschen-Friseur" ist der Hundefriseur kein geschützter Beruf. Jeder darf einen Salon eröffnen, die Qualität der Ausbildung wird nicht staatlich überprüft. Entsprechend wichtig sind daher persönliche Empfehlungen. Eine Ausbildung dauert in der Regel einige Wochen und wird von erfahrenen Hundefriseuren angeboten. Auf Wettbewerben wird der Leistungsstand verglichen. Viele Hundefriseure kommen als Liebhaber, Halter und Züchter einer bestimmten Rasse zu diesem Beruf und haben sich auf „ihre" Rasse spezialisiert. Was zeichnet also einen guten Hundesalon aus?
- Beratung ist ein sehr wichtiger Punkt. Wenn der Hundefriseur Ihnen auch mal von einem Wunsch abrät, weil etwa eine bestimmte Frisur nicht zum Haartyp Ihres Hundes passt, spricht das für ihn.
- Trimmen sollte jeder gute Salon im Angebot haben (außer bei einem speziellen Pudelsalon, dort wird nur geschoren). Wer Ihren Cairn Terrier nicht trimmen, sondern scheren möchte, hat wahrscheinlich nicht viel Ahnung von seinem Metier.
- Rundumcheck bei der Haarpflege sollte selbstverständlich sein: Ein Blick in die Ohren, Augen, ins Maul, auf die Krallen und Analdrüsen zeigt, dass der Hundefriseur routiniert ist und ihm sein Kunde am Herzen liegt. Manche Hundefriseure schreiben sogar eine kleine Überweisung für den Tierarzt, falls etwas auffällig ist. Auch Zecken sollten entfernt werden.

Kostenfrage

Der Preis für eine Sitzung kann variieren: In der Großstadt ist es meist teurer als auf dem Land.

Die Größe des Hundes spielt auch eine Rolle: Durchschnittspreise liegen um 40 Euro für einen kleinen bis 100 Euro für einen sehr großen Hund.

Je nach Rasse und „Frisur" sind bis zu 12 Besuche pro Jahr notwendig, um das Fell in Top-Kondition zu halten.

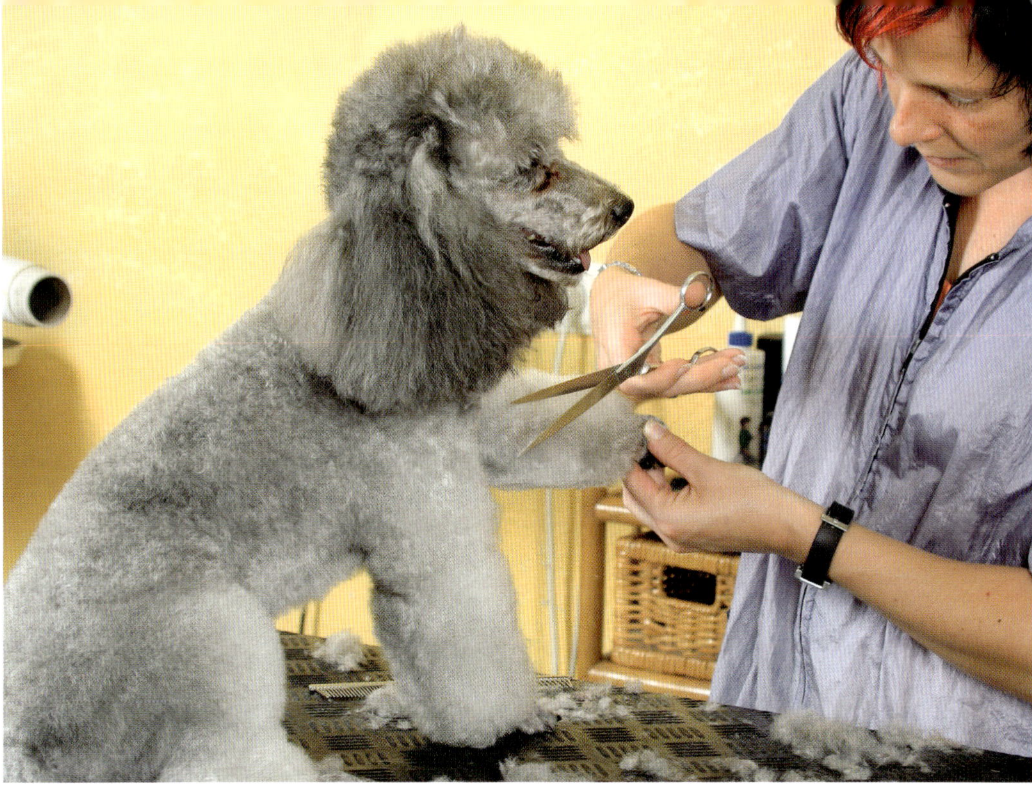

Ein guter Hundefriseur frisiert nicht nur, sondern kümmert sich um die fach- und rassegerechte Rundumpflege.

Fachliche Grenzen

Ein guter Hundefriseur weiß, wo seine Grenzen liegen und wann es heißen muss: Ab zum Tierarzt! Herumdrücken an entzündeten Analdrüsen, Anwenden von Medikamenten (auch Ohrensalbe und Augentropfen) ist im Hundesalon tabu. Natürlich darf ein Hundefriseur auch keine Beruhigungsmittel verabreichen! Ist ein Hund sehr widerspenstig oder ängstlich und lässt sich nicht waschen oder frisieren, so muss der Friseur den Besitzer darauf aufmerksam machen und ihn mit dem Hund zum Tierarzt schicken. Dieser kann dann ein geeignetes Beruhigungsmittel verschreiben, das der Besitzer seinem Hund dann vor dem Friseurbesuch verabreicht. Übrigens: In manchen Salons ist es üblich, dass der Besitzer während der Sitzung nicht dabeibleibt. Viele Hunde sind weniger nervös, wenn Herrchen (oder Frauchen) nicht daneben stehen. Wenn Sie sich von der Arbeit in so einem Salon ein Bild machen möchten, dürfen Sie nach Voranmeldung bestimmt einmal bei der Pflege eines fremden Hundes zusehen.

SMART

Fachchinesisch

- **„Grooming“** ist englisch und heißt Pflege, ein „Groomer“ ist ein Hundefriseur.
- **„Clip“** ist das englische Wort für Schur, „to clip“ heißt scheren.
- **Trimmen** heißt bei den Engländern „stripping“, das Zupfen beim Cocker oder Setter wird „plucking“ genannt.
- **„Trimming“** heißt bei den Engländern einfach zurechtstutzen, wird also auch fürs Schneiden benutzt.

Pudel, Bichon & Co.: Scheren

Geschoren werden vor allem Hunde mit weichem oder wolligem Fell – entweder klassisch rassetypisch oder nach Gusto.

Material: Schermaschine und Schere, letztere kommt vor allem bei Langhaarfrisuren zum Einsatz. Gute Schermaschinen kosten leicht mehrere hundert Euro – die Investition rechnet sich also vor allem für Profis. Je nach Haarlänge und -dichte gibt es unterschiedliche Scherköpfe, die penibel sauber gehalten und von Zeit zu Zeit nachgeschärft werden müssen. Am besten überlassen Sie das Scheren einem Profi. Denn auch wenn es beim Zusehen ganz einfach aussieht: Es ist alles andere als leicht, eine gute Schur durchzuführen. Außerdem kann man den Hund beim ungeübten Hantieren mit der Schermaschine leicht verletzen. Bei vielen Rassen muss der Hund rassetypisch geschoren werden, wenn er auf Ausstellungen vorgeführt wird. Dazu gehört ebenfalls viel Erfahrung. Bei anderen Rassen darf der Hund für Ausstellungen geschoren werden, kann aber auch naturbelassen gezeigt werden. Üblicherweise wird der Hund vor dem Scheren gebadet, getrocknet und gründlich gekämmt.

Pudel

Baden und Schneiden: alle 4 bis 6 Wochen

Die in Europa häufigsten Frisuren für den Alltag sind Modeschur (Neue Schur) und Scandinavian T-Clip, für Ausstellungen Standardschur (Löwenschur), Kontinentalschur (Continental Clip) und Scandinavian Clip, für Welpen der Puppy Clip.

- Die Modeschur ist das „Alltagsmodell“. Gesicht, Pfoten, Hals, Rücken und die Körpermitte werden kurz geschoren, ebenso die Rute bis auf einen Pompon.
- Bei der Kontinentalschur werden Gesicht, Vorderbeine und Hinterhand geschoren, an den Fußgelenken, auf den Hüften und an der Rute bleiben Pompons stehen.
- Der Vorläufer dieser Schur ist die „Arbeitsfrisur“ der früheren Wasserhunde: Um den Brustkorb und an den Fußgelenken blieb das Haar als Wärmeschutz lang, der Rest wurde geschoren (bessere Beweglichkeit). Ähnlich geschoren werden Portugiesischer Wasserhund und Löwchen.

Bedlington Terrier

Baden und Schneiden: alle 6 Wochen

Der „Terrier im Schafspelz" ist eine der wenigen Terrierrassen, die geschoren und nicht getrimmt werden.

- Die Ohren werden kurz geschoren, bis auf eine Franse an der Ohrspitze. Der längliche Kopf bekommt durch die Frisur ein ovales Profil, die windhundartige Körpersilhouette wird durch den Haarschnitt noch verstärkt, die Rückenlinie konvex betont. Die Rute wird kurz geschoren.

- Andere Terrier, die nicht getrimmt, sondern geschnitten werden, sind der Kerry Blue Terrier, der Irish Soft Coated Wheaten Terrier (nur mit der Schere!) und der Cesky Terrier. Für jede dieser Rassen wird auf Ausstellungen eine jeweils typische Frisur gefordert.

- Es kann in manchen Gegenden schwierig sein, einen Hundefriseur zu finden, der sich mit diesen Rassen auskennt. Fragen Sie am besten Ihren Züchter oder beim Zuchtclub um Rat.

Bichon frisé

Baden und Schneiden: alle 8 bis 10 Wochen

Als Bichons wird eine Gruppe kleiner Hunderassen bezeichnet, die seit jeher als reine Schoß- und Luxushunde gehalten werden.

- Bichon-Rassen: Bichon frisé, Malteser, Löwchen, Bologneser, Havaneser (die beiden letzten werden nicht frisiert).

- Der Bichon frisé wird nur mit der Schere frisiert, die Schermaschine kommt hier nicht zum Einsatz. Seine Frisur erinnert an einen kleinen Teddybär, der Kopf von vorne wirkt ganz rund. Im Gegensatz zum Pudel gibt es beim Bichon nur eine Frisur, die auf Ausstellungen zugelassen ist.

- Das Styling der anderen Bichons: Beim Löwchen wird die Hinterhand kurz geschoren, an den Hinterpfoten und der Rute bleiben nur Quasten stehen. Beim Malteser wird das Haar auf dem Rücken gescheitelt und fällt seitlich bis auf den Boden. Der Schopf wird von zwei Spangen gehalten.

Für Struppi & Foxi: Trimmen

Fachgerechtes Trimmen ist (wie Scheren) eine Kunst für sich und erfordert viel Geduld, Erfahrung und Fingerspitzengefühl.

Material: Trimmmesser, Finger. Zum guten Trimmen gehört wie zum Scheren eine Menge Know-how. Getrimmt werden vor allem die rauhaarigen Terrierrassen und die Schnauzer. Beim Trimmen wird das bereits locker sitzende, „reife" Deckhaar ausgezupft. Nicht jedes Haarkleid eignet sich zum Trimmen. Das Deckhaar rauhaariger Hunde ist an der Spitze dicker als an der Basis, bei vielen Farbschlägen ist die Spitze zudem stärker pigmentiert. Aus diesem Grund wird Rauhaar, das nicht getrimmt sondern geschoren wird, eher weich und verblasst. Ausnahme: Empfindliche Stellen wie Kehle, Pfoten, Rutenunterseite und Analregion werden geschoren. Meist wird der Hund alle 10 Wochen getrimmt, je nach Haarveranlagung auch häufiger oder seltener. Im Gegensatz zum Scheren wird beim Trimmen der Hund erst nach der Prozedur gebadet (falls nötig). Mancher Terrier hat ein untypisch weiches oder wolliges Fell. Von Fall zu Fall sollte entschieden werden, ob ein solcher Hund statt getrimmt geschoren werden sollte.

Hochläufige Terrier

Foxterrier

Zu den rauhaarigen „Hochläufern" gehören Fox, Welsh, Lakeland, Irish und Airedale Terrier. Mit geringfügigen Unterschieden werden sie nach dem gleichen Schema getrimmt.

- Typisch sind der „kantige" Bart und die Augenbrauen. An den Läufen wird das Haar länger belassen als am Rumpf. Am kürzesten ist es an Wangen, Hals und Unterseite der Rute. Beim Lakeland Terrier bleibt der Bart etwas fülliger, die Augenbrauen werden nicht geteilt.
- Sollte ein Bad nötig werden, benutzen Sie Spezialshampoo für rauhaarige Hunde. Einige Tage vor einer Ausstellung sollte der Hund gar nicht mehr gebadet werden, da das Fell sonst zu weich ist. Den Bart je nach Bedarf waschen und vorsichtig bürsten.
- Wenn Sie Ihren Terrier naturbelassen lieben, müssen Sie ihn regelmäßig gründlich kämmen und bürsten, um Verfilzungen zu vermeiden.

Niederläufige Terrier 1

West Highland White Terrier

Hals, Schulter, Rücken und Rute werden kürzer getrimmt, an Brust, Bauch und Beinen bleibt das Haar länger. Bereits beim Welpen kann man beginnen, mit circa 7 Monaten wird das erste richtige Trimming fällig.

▸ Ähnlich werden auch der Scotch und der Sealyham Terrier getrimmt. Unterschiedlich wird der Kopf „modelliert“: Beim Westie eher rundlich, beim Scottie eckig mit spitzen Brauen, beim Sealyham ist der Bart füllig und die Augenbrauen lang, die Oberlinie wirkt von der Seite konvex.

▸ Durch das lange Haar an den Läufen und der Unterseite nimmt der kurzbeinige Hund viel Laub und Schmutz von unterwegs mit. Die Hunde werden deshalb im „Alltagsgebrauch“ gerne etwas kürzer getrimmt.

▸ Hunde mit sehr weichem Fell müssen eventuell geschoren werden; Ihr Züchter oder ein guter Hundefriseur wird Sie entsprechend beraten.

Niederläufige Terrier 2

Cairn Terrier

Der Cairn hat bis auf die Farbe viel Ähnlichkeit mit dem Westie, wird allerdings natürlicher frisiert.

▸ Er wird überall gleichmäßig getrimmt, damit er nicht verzottelt wirkt. Insgesamt bekommt der Körper mehr Kontur, der Hund soll dabei trotzdem möglichst natürlich wirken. Die Ohrfransen im oberen Drittel der Ohren werden sauber abgetrimmt, so kommen die Stehöhrchen gut zur Geltung. Auch die Rute wird durch Trimmen in Form gebracht.

▸ Norwich, Norfolk und Glen of Imaal Terrier sind seltener als der Cairn. Sie werden ähnlich unauffällig getrimmt, auch hier werden Ohren und Rute besonders konturiert. Ähnliches gilt auch für den (hochläufigen) Border Terrier.

▸ Müssen rauhaarige Hunde gebadet werden, empfiehlt es sich, ein Spezialshampoo für Rauhaar zu benutzen, damit das Fell durchs Bad nicht zu weich wird.

Schnauzer

Schwarzer Riesenschnauzer

Riesenschnauzer, Mittelschnauzer und Zwergschnauzer werden nach dem gleichen Schema zurechtgemacht. Es ähnelt dem für hochläufige Terrier (siehe Seite 34), das Haar an den Läufen wird allerdings kürzer gehalten.

- Schwarze Schnauzer haben oft ein weicheres Fell als Pfeffer/Salz-Schnauzer und werden deshalb manchmal geschoren. Lassen Sie sich vom Züchter oder einem erfahrenen Hundefriseur beraten, wenn Sie sich wegen der Fellqualität Ihres Schnauzers unsicher sind.

- Zwergschnauzer werden in Amerika – anders als bei uns – wie Terrier getrimmt: Dort belässt man die Läufe üppig behaart.

- Zwergschnauzer gibt es auch in weiß und schwarz/silbern. Das weiße Fell ist zum Trimmen mitunter zu weich. Hier müssen Sie sich individuell vom Züchter oder erfahrenen Hundefriseur beraten lassen.

Rauhaardackel

Rauhaardackel in saufarben und dunkelsaufarben

Der ideale Rauhaardackel hat ein gleichmäßig anliegendes, dichtes und drahtiges Haar. Die häufig vorkommenden Rauhaardackel mit längerem, strubbligen Rauhaar sollten getrimmt werden.

- Aus der Entfernung sollte er wie ein Kurzhaardackel mit Bärtchen und Augenbrauen aussehen.

- Bart und Augenbrauen bleiben stehen, hier werden nur überlange Haare entfernt. Ein getrimmter Rauhaardackel fühlt sich wohler in seiner Haut, da das abgestorbene Haar die Haut besser atmen lässt, Juckreiz wird gelindert.

- Der Rauhaardackel entstand durch Einkreuzung des Dandie Dinmont Terriers. Diese Terrierrasse sieht einem Rauhaardackel ähnlich, wird aber anders zurechtgemacht: An den Ohrspitzen bleibt eine Franse stehen, den Kopf krönt ein Haarschopf, an den Beinen und dem Bauch bleibt das Haar ebenfalls länger stehen.

Schwarzer Russischer Terrier

Schwarzer Russischer Terrier

Der Schwarze Russische Terrier ist eine verhältnismäßig junge und eher seltene Rasse, die aus Airedale Terrier, Riesenschnauzer, Rottweiler und Neufundländer gezüchtet wurde.

▸ Entsprechend ist die Felltextur noch nicht so einheitlich hart und anliegend wie gewünscht, sondern häufig auch weich und zu lang. Hat das Fell die gewünschte Qualität, wird der Hund getrimmt. Bei sehr weichem und langem Fell greift man gerne auch zur Schere.

▸ Brauen, Bart, Beine und Bauch werden in der natürlichen Länge belassen. Oberkopf, Hals und Rumpf sowie Hinterseite der Hinterläufe bis zum Sprunggelenk werden auf circa 5 bis 8 cm gekürzt, die Wangen auf 2 bis 3 cm und Ohren, Kehle und Analregion auf 1 bis 2 cm.

▸ Der üppige Bart sollte regelmäßig gereinigt und vorsichtig gekämmt werden, um Verfilzungen zu vermeiden.

Spaniel

Cocker Spaniel

Spaniel haben ein seidiges Langhaar mit dichter Unterwolle. Bei ihnen wird überlanges Haar am Kopf und an den Läufen getrimmt, an Kehle und Brust mit der Schere gekürzt.

▸ Der Amerikanische Cocker Spaniel hat ein sehr üppiges Fell, das vor allem an den Läufen sehr lang belassen wird. Bei ihm werden Kopf und Hals vor Ausstellungen üblicherweise geschoren.

▸ Kastrierte Spaniel bekommen oft ein wolliges Welpenfell am Rumpf. In manchen Fällen kann man diesem Haarkleid durch vierteljährliches Trimmen wieder ein rassegerechtes Aussehen geben. Für Rassen mit entsprechendem Fell wie etwa Setter und Münsterländer gilt das Gleiche.

▸ Manche Cocker Spaniel haben einen regelrechten Ziegenbart und dichte Brauen. Diese können vor Ausstellungen gekürzt werden, um dem Hund den gewünschten sanften Spaniel-Look zu verleihen.

Langhaarrassen und Mischlinge scheren

Ein umstrittenes Thema unter Hundebesitzern, Hundefriseuren und Tierärzten: Das Abscheren stockhaariger und langhaariger Hunderassen. Schadet Husky, Collie, Spitz und Co. der Kahlschlag oder verschafft ihnen der Kurzhaarschnitt im Sommer Erleichterung?

Fakt ist: Ein dichtes Fell mit viel Unterwolle belastet Hunde bei großer Hitze. Vor allem bei älteren Hunden, die noch mehr als jüngere Tiere unter der Sommerhitze leiden, sollte man etwas unternehmen, um dem Hund Erleichterung zu verschaffen. Doch wie? Bei diesem Thema erhitzen sich die Gemüter leicht: Beide Seiten bringen Argumente ins Feld. So heißt es, dass das Fell eines abgeschorenen Spitzes nie wieder so wird wie im „Urzustand". Das stimmt so nicht, denn auch die abgeschorenen Haare fallen irgendwann aus, neue wachsen nach. Es kann nur recht lange dauern, bis der Hund wieder so aussieht wie zuvor. Wer mit seinem Spitz (Collie, Schlittenhund etc.) an Ausstellungen teilnehmen möchte, sollte ihn also tunlichst nicht abscheren. In mediterranen Ländern werden viele Schlittenhunde, Neufundländer und weitere Rassen mit sehr dichtem Fell im Sommer abgeschoren. Nach der Schur blühen die Hunde sichtlich auf, denn ihr Fell ist nicht für die Hitze südlicher Länder geeignet. Besser wäre es vielleicht, in solchen Ländern ganz auf die Haltung bestimmter Rassen zu verzichten, aber das ist ein anderes Thema. Allerdings ist es so, dass die wär-

Mischlinge trimmt oder schert man – je nach Haartextur.

mestauende Unterwolle beim Scheren nicht entfernt, sondern nur gekürzt wird. Wenn die Schur zu kurz gerät, kann es zudem zu Hautverletzungen durch die Schermaschine und zu Sonnenbrand kommen. Viele Hundefriseure raten alternativ zum Auskämmen der Unterwolle statt der Schur. Hierbei wird ein Großteil der Unterwolle entfernt, übrig bleibt das Deckhaar.

Mischling: Freestyle erlaubt!

Für Mischlinge mit dichter Unterwolle gilt das oben gesagte. In punkto Schönheit ist bei ihnen allerdings jede Frisur erlaubt, die gefällt – egal ob getrimmt, geschoren oder geschnitten. Lassen Sie sich von einem erfahrenen Hundefriseur beraten, welche Bearbeitung am besten zum Felltyp passt und entscheiden Sie dann, welche Frisur ihr Hund in dieser Saison tragen soll. Im Gegensatz zum Rassehund, der ja in der Regel einem bestimmten Standard entsprechen soll und gemäß den traditionellen Gepflogenheiten hergerichtet wird, gibt es für Mischlinge keinerlei solcher Vorgaben. Natürlich bietet es sich an, einen Schnauzermix mit drahtigem Haar nach Schnauzerart trimmen zu lassen oder einem Pudelmix eine hübsche Pudelschur zu geben. Sie können aber auch Ihrer Phantasie freien Lauf lassen und – am besten gemeinsam mit einem Profi – eine individuelle Frisur kreieren.

Dieser Golden Retriever wurde geschoren.

SMART

Ab zum Profi

- **Standardtechniken** wie Trimmen und Scheren sollten beherrscht werden, auf Anfrage auch Referenzen gegeben werden.
- **Ein guter Friseur** sucht die für Ihren Hund beste Lösung. Alte Hunde mit Herzproblemen schert er, um ihnen eine Trimmprozedur zu ersparen.

Dos and Dont's

Auch wenn Hunde seit Jahrhunderten unser Leben teilen und sich in punkto Felltypen, Körperform und Farbe zum Teil beträchtlich von ihren wilden Ahnen unterscheiden: Jeder Hund ist immer noch ein Vertreter seiner Art.

Das bedeutet, dass man keinen Hund vermenschlichen und seine hündischen Bedürfnisse missachten darf – sei er noch so niedlich. Natürlich muss man ein 3-kg-Fliegengewicht vor Verletzungen schützen. Dennoch interessiert sich auch solch ein Hund bestimmt mehr für die Maus hinter dem Komposthaufen als für teures Designer-Spielzeug. Überprüfen Sie ehrlich, ob Ihre Interessen mit den Bedürfnissen des Tieres übereinstimmen. Am besten stellt man sich diese Frage vor dem Hundekauf: Wie wichtig ist mir das Aussehen meines zukünftigen Begleiters? Soll er neben mir durch die Stadt flanieren und bewundernde Blicke auf sich ziehen oder möchte ich auch mit ihm durch Feld und Flur streifen? Spätestens, wenn Pflegerituale zur Qual und nicht befriedigte Bedürfnisse des Hundes zum Problem werden, muss man eine geeignete Lösung finden.

1

◂ **Kleidung** Wenn Sie einen sehr kleinen Hund mit dünnem oder feinem Haar haben, dürfen Sie ihm bei Regen oder eisigem Wetter einen Hundemantel anziehen. Achten Sie beim Kauf eher auf gute Qualität als auf das Design. Der Mantel soll wind- und wasserfest und waschbar sein. Es gibt Modelle, die auch Brust und Bauch bedecken. Wählen Sie am besten eine helle Farbe (am besten mit Reflektorstreifen), dann ist Ihr Hund auch bei Dämmerung und Dunkelheit gut sichtbar.

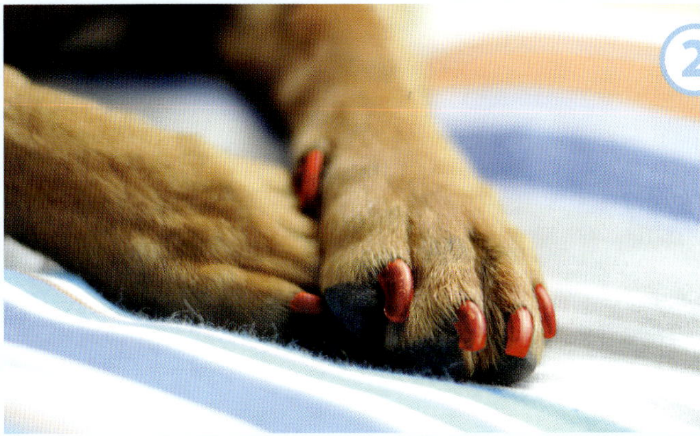

2

◂ **Lackierte Krallen** stören weder den Hund selbst noch seine Artgenossen. Die Frage ist allerdings, warum Sie ihm die Krallen lackieren möchten. Wenn Sie ernsthaft Wert darauf legen, dass der Farbton der Krallen zu Ihrer Garderobe passt, stellt sich die Frage, welches hündische Verhalten der Vierbeiner unterlassen muss, damit der Lack nicht abblättert!

3

▸ **Gefärbtes Fell** Im Prinzip gilt das Gleiche wie oben: Den Hund und seine Hundefreunde stört es kaum, vorausgesetzt die Farben sind unschädlich, wie Lebensmittelfarbe. Solange die Bedürfnisse des Hundes erfüllt werden, ist die Farbe egal. Prüfen Sie aber bitte Ihr Wissen um artgerechte Hundehaltung ehrlich, wenn Sie den Wunsch nach einem rosa Pudel verspüren!

4

▴ **Sonnenbrillen** und Schmuck sehen zwar niedlich aus, sind dem Hund aber eher lästig und können im Extremfall sogar gefährlich werden. Für einen lustigen Schnappschuss (falls es der Hund toleriert) okay – ansonsten sollte der Hund im Alltag nicht mehr „Zubehör" mit sich herum tragen müssen, als er braucht.

Bunte Hunde

Kein anderes Merkmal des Hundes sticht so ins Auge wie seine Fellfarbe – und bei kaum einer anderen Tierart gibt es eine so beeindruckende Farbpalette.

Farbenspiele

Allerdings kommt nicht jede Farbe auch bei jeder Rasse vor: Manche Rassen gibt es nur in einem Farbschlag, etwa Berner Sennenhunde, Rottweiler oder Malteser. Bei anderen Rassen kommen zwar verschiedene Farben vor, der Rassestandard lässt aber nur bestimmte Farben als rassetypisch gelten und schließt die sogenannten Fehlfarben als unerwünscht von der Zucht aus. Beispiel: Gelb getüpfelte Dalmatiner, weiße Boxer oder schokobraune Pekingesen. Manchmal werden diese Fehlfarben trotzdem als exklusive Raritäten teurer als ihre „standardgerechten" Geschwister angeboten! Manche Farben sind sehr selten, andere sind wieder sehr beliebt und die entsprechenden Welpen verkaufen sich besser als andere. Wählen Sie aber bitte Ihren zukünftigen Begleiter nicht ausschließlich nach seiner hübschen Farbe aus – auch wenn es noch so verlockend sein mag! Lassen Sie sich immer vom Züchter beraten, der das individuelle Temperament seiner Hunde kennt und den am besten zu Ihnen passenden Welpen

SMART

Weißer als weiß ...

- **Shampoos** werden für unterschiedliche Fellfarben angeboten.
- **Die Ernährung** beeinflusst auf Dauer auch die Farbe: Viel Karotin im Futter soll zu einem gelbstichigen Fell führen.
- **Algenprodukte** sollen sich ebenfalls auf die Fellfarbe auswirken.
- **Die Intensität der Haarfarbe** ist genetisch festgelegt – mit Shampoo und Futter lässt sie sich nur in Nuancen beeinflussen.

Diese beiden Australian Shepherds sind merle-farben. Die Merle-Zucht erfordert Sachkenntnis (siehe Text).

empfehlen wird. Schwarze Hunde wirken psychologisch übrigens gefährlicher, helle Hunde freundlicher – auch wenn die Farbe natürlich nichts über das tatsächliche Wesen eines Hundes aussagt – viel wichtiger ist die Sozialisation des Welpen!

Farbecht?!

Viele Farbschläge sind erst mit zwei Jahren „fertig“: Vor allem rauhaarige Rassen verändern ihre Farbe im Lauf der ersten Lebensmonate und -jahre. So werden Silberpudel schwarz, apricotfarbene Pudel rot geboren. Grau-weiße Bobtails und Bearded Collies kommen schwarz-weiß auf die Welt. Zu einem Farbwechsel kann es auch nach dem Scheren kommen: Bei vielen Farbschlägen hat das Einzelhaar an der Basis eine andere Farbe als an der Spitze. Schwarzes Haar wird durch intensive Sonneneinstrahlung oft rötlich, weißes Haar kann „vergilben“. Auf hellem Haar hinterlassen Speichel und Augensekret bräunlichrote Spuren. Man sieht dies etwa bei weißen Hunden an den Pfoten, wenn der Hund diese oft beleckt und beknabbert.

Mischling mit „Blue Dog Disease“.

Gesund ist nicht immer, was gefällt

Meistens ist die Fellfarbe reine Geschmackssache. Es gibt allerdings ein paar Ausnahmen, bei denen eine bestimmte Farbe mit gesundheitlichen Problemen gekoppelt sein kann. Beim blauen Farbschlag kann die sogenannte „Blue Dog Disease“ auftreten: Hier fällt das Fell am Körper aus, die Haut kann sich entzünden. Aus diesem Grund wird dieser Farbschlag beim Dobermann nicht mehr gezüchtet. Der Merle-Faktor ist ein Scheckungsgen und kommt unter anderem beim Australian Shepherd und der Dogge vor. Die sogenannten Weißtiger entstehen, wenn man zwei merle-farbige Hunde kreuzt. Die meisten Weißtiger sind taub und/oder blind (Paarungen verboten). Normale weiße Hunde haben in der Regel eine empfindlichere Haut. Vor allem an kurz- oder unbehaarten, unpigmentierten Körperstellen droht Sonnenbrand.

Vor einer Ausstellung

Vom Ausstellungsneuling zum Profi ist es ein weiter Weg. Auf den vorderen Rängen entscheiden oft Kleinigkeiten über Sieg oder Platz. Deshalb gibt es bei jeder Rasse kleine Tricks und Kniffe, wie man den Hund über perfektes Styling noch schöner macht ... oder zumindest erscheinen lässt! Es würde den Rahmen dieses Buches sprengen, alle diese Tipps aufzuzählen. Abgesehen davon werden viele davon gehütet wie ein Geheimnis und allenfalls hinter vorgehaltener Hand weitergegeben. Vielmehr soll dieses Kapitel verdeutlichen, dass ein Schönheitssieger nicht nur schön geboren wird, sondern dass je nach Rasse auch eine ganze Menge Vorbereitung dazu gehört.

Schummeln verboten

Nicht alles, was den Hund schöner macht, ist auch erlaubt! Die Ausstellungsreglements sprechen eine deutliche Sprache – und das ist auch gut so. Schönheitsoperationen sind natürlich verboten, ebenso wie das Fell zu färben um zum Beispiel nicht erwünschte weiße Flecken wegzumogeln. Auch das bei weißen, rauhaarigen Rassen verbreitete „Kreiden" (Einpudern), um die Farbe und Griffigkeit des Felles zu verbessern ist nicht zugelassen. Beim Herrichten mit der Haarschneideschere oder Schermaschine ist die Grenze verschwommen: Natürlich darf man seinen langhaarigen oder kurzhaarigen Hund hier und dort korrigieren bzw. optimieren, etwa etwas längeres Haar an der Rute oder an den Hinterseiten der Oberschenkel kürzen, allzu lange Stirnfransen etwas ausdünnen. Einem spärlich behaarten Rauhaardackel den Bart abzuschneiden und ihn dann als Kurzhaardackel auszustellen ist hingegen nicht erlaubt!

Von Haartracht und Körperbau

Gerade bei Rassen mit sehr üppigem Fell kann man einen ungünstigen Körperbau auf den ersten Blick wegmogeln oder verlangte Attribute durch die Frisur verstärken. So wird der Bobtail als leicht überbaut beschrieben. Im Laufe der Jahre verpassten ihm deshalb ehrgeizige Aussteller eine auf der Kruppe hochtoupierte Ausstellungsfrisur. Manche Hundefreunde

Kein Meister fällt vom Himmel

Wenn Sie den entsprechenden Ehrgeiz und die Geduld haben, können Sie das Stylen selbst erlernen.

Manche Hundefriseure und Zuchtklubs bieten laufend neue Kurse an.

Insider-Tipps erfahren Sie von alten Hasen: Nutzen Sie Treffen des Zuchtclubs und Zuchtschauen, um Fragen zu stellen und wertvolle Erfahrungen zu sammeln!

Ob er wohl gerade von der Entenjagd in einem matschigen Tümpel träumt ...?

meinen, dies zieht den ursprünglichen Arbeitshund ins Lächerliche – sie haben damit nicht ganz unrecht! Terrier und Pudel kann man durch geschicktes Trimmen bzw. Scheren so stylen, dass etwa eine ungünstige Beinstellung oder Rückenlänge optisch ausgeglichen wird. Zwar ertastet ein erfahrener Richter den Körperbau und vorhandene Mängel auch noch durch das dichteste Fell – trotzdem zählt der erste Eindruck auch auf der Hundeausstellung. Der Grat zwischen schön und grotesk ist manchmal schmal ...

SMART

Vorbereitung

- **Der beste Ansprechpartner** für die Ausstellungsvorbereitung Ihrer Rasse ist Ihr Züchter oder ein mit der Rasse vertrauter Hundefriseur.
- **Fangen Sie** bereits beim Welpen an, die Handgriffe einzuüben.
- **Als Neuling** überlassen Sie das Grundstyling (Trimmen oder Scheren) am besten einem Profi.
- **Je nach Rasse und Haartyp** wird der Hund kurze oder längere Zeit vor der Ausstellung gebadet.

Mehr Schein als Sein?

Läuft man bei einer Hundeausstellung durch die Hallen, bekommt man bei manchen Rassen den Eindruck, man sei bei Friseurmeisterschaften gelandet. In der Luft liegt ein Hauch von Haarspray, da wird gewickelt, toupiert und gezupft. Auch bei Hundezüchtern spielt das Modediktat eine gewichtige Rolle. Inwieweit Sie sich auf den „Jahrmarkt der Eitelkeiten“ begeben, bleibt natürlich Ihnen überlassen. Verlieren Sie aber bitte nie aus dem Blickfeld, dass die wahren Qualitäten Ihres Hundes woanders liegen: Nicht außen, sondern innen!

Gesund und fit

Rank und schlank

Zu enge Hosen und Selbstvorwürfe bleiben dem übergewichtigen Hund zwar erspart, seine Lebensqualität wird aber dennoch eingeschränkt. Schlank ist gesund!

Wie dick ist zu dick?

Beim normalgewichtigen Hund sollte man die Rippen gut ertasten können. Doch Vorsicht: Der Körperbau der Rassen kann sich erheblich voneinander unterscheiden! Bei gleichem Idealgewicht ist zum Beispiel eine Französische Bulldogge kleiner und viel kompakter als der hochbeinige und schmale Whippet. Und bei fast identischer Schulterhöhe liegt das Idealgewicht eines Neufundländers circa 25 kg über dem eines Greyhounds! Haben Sie einen Rassehund mit Standardgröße, so orientieren Sie sich am Idealgewicht seiner Rasse und seines Geschlechts. Falls Sie es nicht kennen: Fragen Sie beim Zuchtclub oder Ihrem Tierarzt danach. Haben Sie einen Mischling, so lassen Sie ihn beim nächsten Tierarztbesuch wiegen und fragen Sie dort, ob er das für seine Größe und seinen Typ richtige Gewicht hat. Sobald ein Hund sein Idealgewicht um 15 % überschreitet, spricht man von Übergewicht und sollte etwas dagegen unternehmen. Pro Woche sollte ein Gewichtsverlust von 2 % angestrebt werden. Das bedeutet zum Beispiel für einen Hund mit 20 kg, dessen Idealgewicht bei 15 kg liegt, dass er über einen Zeitraum von drei Monaten Schritt für Schritt 5 kg abnehmen sollte.

Viel Spiel und Bewegung an der frischen Luft beugen Übergewicht vor.

Motivation ist alles

Vielleicht kommt Ihnen das irgendwie bekannt vor: Ein paar Pfündchen sollten dringend runter, und auch der Arzt ist nicht begeistert von den letzten Untersuchungsergebnissen. Wenn es nur nicht immer so lecker schmecken würde, vor allem die Knabbereien abends auf der Couch … Sport wäre ja nicht schlecht, aber nach fünf Minuten Dauerlauf ist die Puste weg. Genauso geht es den meisten übergewichtigen Hunden. Da hilft nur eins: Sie als Hundebesitzer müssen stark bleiben, denn von Ihnen hängt es ab, ob Ihr Hund wieder zu seinem „Wohlfühlgewicht“ findet!

Professionelle Anleitung

Am besten geht es unter tierärztlicher Anleitung: So werden Sie „gezwungen“ am Ball zu bleiben. Führen Sie Buch und wiegen Sie den Hund einmal pro Woche.

SMART

Wenn die Diät versagt

- **Mehrere Hunde** im Haus machen die Diät doppelt schwer: Schnell ist ein fremder Napf geleert. Auch Katzenfutter wird gern gemopst.
- **Snacks** schlagen ebenfalls zu Buche: Rechnen Sie jedes Extra auf die Tagesration an.
- **Manche Krankheiten** können zu Übergewicht führen, zum Beispiel Störungen der Nebennieren. Lassen Sie Ihren Hund vor einer Diät vom Tierarzt durchchecken.

Jede Rasse hat eine andere „Idealfigur“.

Alle zwei bis vier Wochen ist ein Gewichtscheck in der Praxis dran. Wichtig ist regelmäßige Bewegung, je nach körperlicher Verfassung des Hundes reichen am Anfang 20 bis 30 Minuten Spazierengehen aus. Die bisherige Ernährung wird entweder auf ein kommerzielles Light-Produkt umgestellt oder auf circa 60 % des Bedarfs gedrosselt. Verteilen Sie die tägliche Futtermenge auf drei bis vier kleinere Mahlzeiten. Seit kurzem sind spezielle Appetitzügler auf dem Markt. Versuchen Sie es aber lieber erst konventionell: Über die Langzeitwirkungen der Präparate ist noch nicht viel bekannt und sie werden kontrovers diskutiert. Ist das Ziel erreicht, müssen Sie weiter konsequent bleiben. Um das Idealgewicht zu halten, sind zwei Dinge wichtig: Regelmäßige Bewegung und zurückhaltende Fütterung!

Parasiten

Flöhe & Co. können Krankheiten übertragen und bei massivem Befall durch den ständigen Blutentzug schwächen. Deshalb: Vorbeugung ist besser als Heilung!

Ektoparasiten

▸ **So nennt man Parasiten**, die auf oder in der Haut des Hundes, also auf seiner Körperoberfläche leben. Sie ernähren sich entweder von Hautschüppchen oder saugen Blut. Manche besiedeln den Hund ständig und pflanzen sich auch auf ihm fort, andere verlassen den Hund nach ihrer Mahlzeit wieder. Vor allem die Blutsauger können gefährliche Krankheiten übertragen! Typische Symptome für einen Befall mit Ektoparasiten sind Juckreiz und haarlose Stellen. Mittlerweile gibt es eine Vielzahl wirksamer Mittel, um der Plagegeister Herr zu werden. Die wichtigsten Ektoparasiten in Kürze:

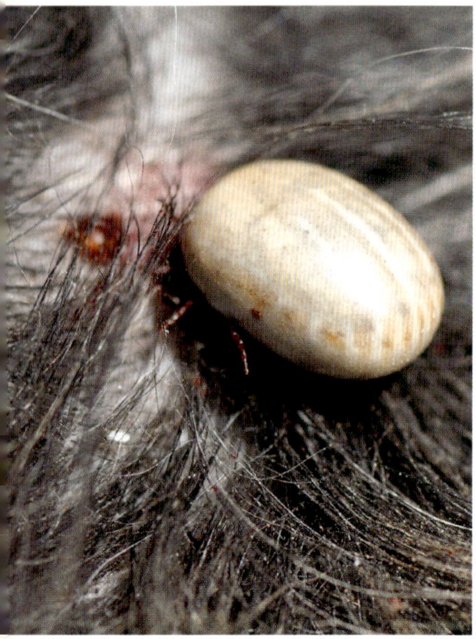

Zecken können gefährliche Krankheiten übertragen, sobald sie sich festgebissen haben.

▸ **Flöhe** können den Hund das ganze Jahr über befallen. Sie legen ihre Eier in der Umgebung des Wirtes ab. Durch Flohbisse können Bandwürmer übertragen werden. Flohbefall erkennt man am schwarzen, krümeligen Flohkot. Eine typische Stelle dafür ist die Kruppe, kurz vor dem Rutenansatz). Bringt man den Flohkot auf ein feuchtes weißes Küchenpapier, so verfärbt es sich rötlich.

▸ **Zecken** krabbeln vor allem bei Spaziergängen durch hohes Gras oder Unterholz auf den Hund. Nachdem sie sich mit Blut vollgesogen haben, lassen sie sich wieder fallen. Durch sie können gefährliche Krankheiten wie Borreliose und Babesiose übertragen werden.

▸ **Läuse** leben auf dem Hund, sie legen ihre Eipakete (Nissen) am Haarschaft ab. Sie werden von Hund zu Hund weitergegeben.

▸ **Milben** leben entweder auf der Haut (Laufmilben) oder in den oberen Hautschichten

> SMART
>
> **Parasiten-Ex**
>
> › **Bei Verdacht:** Ab zum Tierarzt!
>
> › **Spot-On-Präparate** werden auf die Haut aufgeträufelt, sie sind bequem in der Anwendung und werden als Einzel- (nur Flöhe) oder Kombipräparate (Flöhe und Zecken) angeboten.
>
> › **Tabletten** gibt es gegen Flöhe und gegen Endoparasiten.
>
> › **Sprays** gibt man bei kleinen Hunden am besten erst in die Hände (Einmalhandschuhe anziehen!) und reibt den Hund dann ein.

(Grabmilben). Ohrmilben besiedeln den äußeren Gehörgang. Auch auf gesunden Hunden leben Milben, zu einer massenhaften Vermehrung und einem krankhaften Ausbruch kommt es erst durch eine Schwächung des Immunsystems.

- **Stechmücken** spielen als Krankheitsüberträger vor allem in südlichen Ländern (Mittelmeer, Tropen) eine Rolle. Dort übertragen sie vor allem die Leishmaniose. Vor einer Urlaubsreise in den Süden sollte der Hund mit einem speziellen Halsband vor den Stichen geschützt werden.

Juckreiz kann ein Zeichen für Hautparasiten sein.

Endoparasiten

Diese Parasiten leben im Körperinneren, also etwa im Darm oder in den Blutgefäßen. Die wichtigsten Endoparasiten beim Hund sind Würmer und Einzeller. Bandwürmer erkennt man meist an reiskornartigen Teilchen, die sich aus dem After bewegen. Manche Hunde fahren „Schlitten“ (siehe Seite 25). Spulwürmer befallen meist Welpen, da deren Immunsystem noch nicht ausgereift ist. Symptom ist oft ein aufgeblähter „Wurmbauch“. Massiver Befall kann zu Darmverlegung führen. Herzwürmer kommen in südlichen und tropischen Ländern vor. Erkrankte Hunde husten und sind leistungsschwach. Vor Urlaubsreisen in entsprechende Regionen sollte der Hund vom Tierarzt ein vorbeugendes Mittel erhalten. Kokzidien und Giardien sind Einzeller, die im Hundedarm leben und bei immungeschwächten Tieren zu hartnäckigem Durchfall führen können. Auch gegen die meisten Endoparasiten gibt es wirksame Medikamente.

Gesund durchs Jahr

Jede Jahreszeit hat ihre eigenen Tücken: Während im Sommer vor allem die Hitze zu schaffen macht, können im Winter Kälte, Schnee und Eis problematisch werden. Lesen Sie hier, wie sich witterungsbedingte Probleme vermeiden lassen.

Sowohl im Sommer als auch im winterlichen Hochgebirge sollten Sie Ihren Vierbeiner vor Sonnenbrand schützen. Gefährdet sind schwach oder unbehaarte, unpigmentierte Hautbezirke (Nasenrücken, Innenseite Oberschenkel, Scheitel etc.). Verwenden Sie eine Sonnencreme für Kinder mit hohem Schutzfaktor.

Sommer

Jedes Jahr im Sommer sterben im Auto eingesperrte Hunde an Kreislaufversagen durch Hitzschlag. Lassen Sie deshalb Ihren Hund nie ohne Beobachtung im Auto zurück! Das Wageninnere heizt sich in kurzer Zeit auf und wird zur tödlichen Falle. Vor allem Hunde mit dichter Unterwolle entwickeln im Sommer „Hot Spots“: Diese auch Sommerekzem genannten Hautentzündungen breiten sich unter dem Fell rasant aus und entstehen etwa nach dem Schwimmen oder durch Flohbisse. Regelmäßige Fellpflege, Flohkontrolle und – im Falle des Falles – frühzei-

1 ◂ **Tag am Meer** Führt der Sommerurlaub Sie in den Süden, sollten Sie Ihren Hund mit entsprechenden Präparaten (Halsband, Tabletten) vor den gefürchteten Mittelmeerkrankheiten Leishmaniose, Ehrlichiose, Babesiose und Dirofilariose schützen. Nach einem Bad im Meer duschen Sie den Hund mit Süßwasser ab, um Hautentzündungen vorzubeugen. Vergessen Sie nicht, eine Reiseapotheke für Ihren Hund mitzunehmen (vom Tierarzt). Erkundigen Sie sich außerdem vor Ort nach einer Tierarztpraxis!

tige Behandlung durch den Tierarzt ersparen dem Hund die schmerzhafte Ausbreitung eines „Hot Spots".
Lang- und rauhaarige Hunde leiden im Sommer und Frühherbst immer mal wieder unter Grannen. Diese Grasspelzen bleiben beim Durchstreifen trockener Wiesen und Felder am Fell hängen und können sich empfindlich in die Haut und Körperöffnungen bohren. Kontrollieren Sie Ihren Hund nach jedem Spaziergang gründlich, sammeln Sie alle Pflanzenteile ab und vergessen Sie auch die Ohren und Pfoten nicht (siehe Seite 20).

Winter

Kurzhaarige schlanke Hunde sollten sich nicht zu lange bewegungslos in großer Kälte aufhalten müssen, schützen Sie sie sonst besser mit einem Hundemantel. Stutzen Sie etwas die Pfotenhaare, um der Bildung von Eisklumpen vorzubeugen – allerdings auch nicht zu kurz, damit der Hund noch einen gewissen Kälteschutz behält!

2

▲ **Wintersport** Bevor es im Winter in die Berge geht, sollten Sie noch ein paar nützliche Utensilien einpacken: Eine Sonnencreme mit hohem Lichtschutzfaktor für unpigmentierte und dünn behaarte Körperstellen (am besten ein unparfümiertes und hypoallergenes Präparat für Kinder) sowie Augentropfen mit Lichtschutzfaktor. Durch die starke UV-Strahlung und die reflektierende Schneedecke kann es nämlich bei längeren Touren auch bei Hunden zu Schneeblindheit, also einem Sonnenbrand auf der Hornhaut, kommen. Diese Tropfen müssen je nach Präparat alle paar Stunden erneut aufgebracht werden. Vergessen Sie auch nicht, Wasser für unterwegs mitzunehmen, um zu vermeiden, dass der durstige Hund zu viel Schnee frisst. Eine Schneegastritis (Magenschleimhautentzündung) könnte sonst die Folge sein.

Pflegemängel

Ein ungepflegter Hund sieht nicht nur verwahrlost aus, er ist auch anfälliger für viele Krankheiten. Es gibt verschiedene Gründe, warum Hunde verwahrlosen: Der eine Besitzer ist mit der Fellpflege schlicht überfordert, der andere hat keine Lust oder kein Interesse, sich mit der Körperpflege seines Hundes zu beschäftigen.
Was auch immer die Ursache ist: Ein ungepflegter Hund ist meist ein Bild des Jammers und weder ein gutes Aushängeschild für seinen Besitzer noch für seine Art.
Bei kurzhaarigen Hunden ist es weniger das Fell, das mangelnde Pflege erkennen lässt – bei ihnen fallen eher überlange Krallen, Zahnstein und eventuell entzündete, stinkende Ohren ins Gewicht. Beim stockhaarigen Hund ist es oft zusätzlich die Unterwolle, die vor allem während des Fellwechsels in Büscheln ausfällt und dem Haarkleid einen struppigen und zerrupften Eindruck verleiht. Hunde mit langem Fell schließlich verfilzen je nach Haartyp unterschiedlich schnell und wirken oft schon bei minimaler Nachlässigkeit ungepflegt. Sie haben am meisten unter mangelnder Fellpflege zu leiden, denn unter den Filzplatten können sich schmerzhafte Hautentzündungen bilden, bei extremen Ausmaßen bleibt oft nur ein Abscheren und Behandeln in Vollnarkose. Lassen Sie es am besten gar nicht erst so weit kommen!

Leicht zu übersehen

Kontrollieren Sie regelmäßig Daumenkrallen und eventuell vorhandene Wolfskrallen, bevor sie einwachsen oder sich entzünden.

Bei bärtigen Hunden können sich einzelne Haarsträhnen um die Zähne wickeln und dem Hund sehr unangenehm werden.

Die Zehenzwischenräume sollte man täglich kontrollieren und festhängende Kletten, Steinchen etc. entfernen.

Vor dem Hundekauf

Je länger und je dichter das Fell eines Hundes ist, desto pflegeintensiver ist es. Lassen Sie sich nicht von dem wunderschönen Rassehund in einem Buch oder einer Zeitschrift täuschen: Glauben Sie nicht der Rassebeschreibung in einem Buch oder auf einer Homepage die Ihnen weismachen will, diese Rasse sei „pflegeleicht“. Wenn Sie sich für einen Hund mit langem und dichtem Fell entscheiden, müssen Sie je nach Größe des Tieres mit einem erheblichen Zeit- und Arbeitsaufwand für die Fellpflege rechnen. Wenn Sie schon von vorneherein wissen, dass Sie dafür weder die Lust noch die Geduld aufbringen, so gibt es mehrere Möglichkeiten:
Sie entscheiden sich für eine andere, weniger pflegeintensive Rasse. Es gibt bei vielen Rassen neben dem „typischen“ Langhaar auch ein

Er hat bestimmt schon lange keine Bürste mehr gesehen ...

weniger bekanntes „Kurzhaar-Modell", so etwa beim Collie, beim Bernhardiner und beim Chow Chow bzw. ähnliche Rassen mit kürzerem Fell.

Überlassen Sie die Fellpflege einem Profi. Dies ist natürlich je nach benötigtem Aufwand mit bestimmten Kosten verbunden – klären Sie dies also besser vor der Anschaffung ab. Und: Auch der regelmäßige Besuch im Hundesalon entlastet Sie nicht von der Routine-Pflege zu Hause!

Sie lassen Ihren Hund abscheren. Bei Mischlingen wird das häufig praktiziert, sie bekommen ein oder zweimal im Jahr einen pflegeleichten und pfiffigen Kurzhaarschnitt verpasst. Bei Rassehunden schreien allerdings die Liebhaber oft entsetzt auf: Sie halten das Abscheren eines Yorkies, Afghanen, Bobtails etc. für einen Frevel. Beim Scheren stockhaariger und mancher langhaariger Hunde werden auch gesundheitliche Aspekte ins Feld geführt (siehe Seite 38). In solchen Fällen kann das Auskämmen der Unterwolle zu einer deutlichen Verbesserung führen. Dem Hund und seinen Spielgefährten ist es schließlich einerlei wie er aussieht. In vielen Fällen wird er mit einem kurzen Fell wie befreit sein und seine Körpersprache erst richtig zum Einsatz bringen können!

SMART

Miefalarm!

- **Urinbespritztes Langhaar** beim Rüden müffelt schnell, hier hilft nur die Haare zu kürzen oder täglich zu waschen.
- **Kotreste** rund um den Anus sind vor allem bei langhaarigen Hunden „Stinkbomben".
- **Zahnstein** sorgt für schlechten Atem (siehe Seite 22 f.).

Baden

Als Faustregel fürs Baden gilt: So selten wie möglich und so oft wie nötig. Ist ein Hund sehr schmutzig oder hat er sich ausgiebig in Kot oder Aas gewälzt, ist ein Vollbad fällig. Bei Verschmutzungen durch Erde oder Schlamm ist es unter Umständen auch ausreichend, nur klares Wasser zu verwenden oder einfach abzuwarten, bis die Verschmutzungen getrocknet sind und einfach ausgebürstet werden können. Bei lokalen Flecken reicht es aus, nur diese zu bearbeiten. Nach dem Wälzen in Unrat sind dies oft Schultern, Hals und Wangen.

Langhaar verschmutzt leichter als Kurzhaar, deshalb benötigen langhaarige Hunde häufiger ein Bad. Langhaarige Showhunde werden sogar alle zwei Wochen gebadet, um das Fell in Ausstellungskondition zu halten.

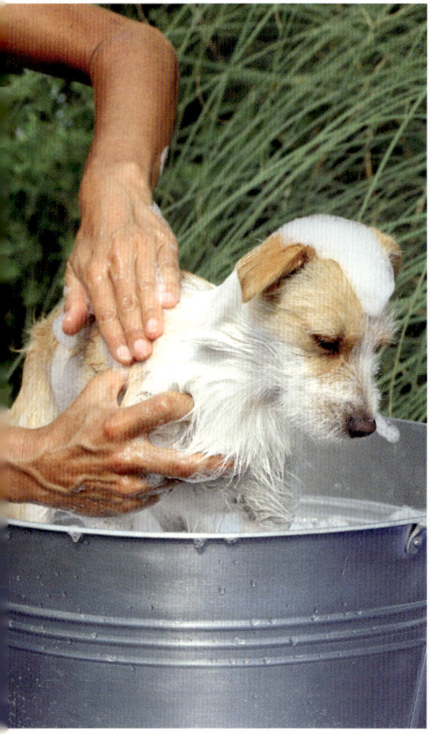

Im Sommer darf's auch mal ein Bad im Freien sein!

Vorbereitungen

Bevor Sie den Hund in die Wanne setzen, sollte alles gut vorbereitet sein: Größere Hunde badet man in der Bade- oder der Duschwanne, kleinere Hunde kann man auch in eine Babybadewanne setzen. Besorgen Sie sich dafür ein stabiles Brett, das auf die Badewanne passt und stellen Sie die Babywanne darauf. Wichtig ist immer eine rutschfeste Unterlage mit Gumminoppen! Heizen Sie das Badezimmer gut ein und wärmen Sie auch ein bis zwei Handtücher vor. Ein Duschvorhang ist von Vorteil, da der Hund sich nach dem Baden schütteln wird. Schützen Sie die äußeren Gehörgänge des Hundes mit Wattebäuschen, damit kein Wasser oder gar Shampoo hineinlaufen kann. Beginnen Sie, den Hund mit handwarmem Wasser von den Pfoten her nass zu machen, bleiben Sie stets ruhig und entspannt. Wenn Sie selbst einen schlechten Tag haben oder unter Zeitdruck stehen, verschieben Sie den Badetag lieber! Am besten bereiten Sie sich eine Mischung von Shampoo und Wasser im Verhältnis 1:2 in einer kleineren Plastikflasche vor und verteilen diese über den Körper des Hundes. An besonders verschmutzten Stellen können Sie das Shampoo auch unverdünnt benutzen. Massieren Sie das Shampoo gründlich ein und spülen es danach mit dem Duschkopf so lange aus, bis nur noch klares Wasser herabfließt. Bei sehr langhaarigen Hunden kann je nach Felltyp noch eine Spülung in die Haarlängen – nicht auf die Haut! – gegeben werden.

Bei Hunden mit einem sehr intensiven „Eigengeruch" hilft ein Schuss Apfelessig oder frischer Zitronensaft im letzten Spülwasser, den Geruch etwas zu neutralisieren. Außerdem lässt es die Haare schön glänzen.

Abtrocknen

Wenn der Hund ganz abgespült ist, drücken Sie das Fell von Hand etwas aus und erlauben dem Hund nun, je nach Badezimmerausstattung, sich zu schütteln. Falls Sie keinen Duschvorhang haben, frottieren Sie den Hund noch in der Wanne mit einem Handtuch ab. Entfernen Sie nun die Watte aus den Ohren. Ist das Haar des Hundes handtuchtrocken, können Sie es föhnen. Im Idealfall haben Sie den Hund bereits zuvor an das Geräusch und Gebläse des Föhns gewöhnt. Stellen Sie den Föhn am besten zuerst auf die kleinste Stufe und bewegen Sie ihn ständig, um Verbrennungen zu vermeiden. Halten Sie mindestens 20 cm Abstand zwischen Hund und Föhn. Hunde, die sich nicht föhnen lassen, müssen lufttrocknen. Sorgen Sie für eine warme Raumtemperatur und geschlossene Fenster, um Zugluft zu vermeiden. Bei sehr langhaarigen Hunden ist es übrigens oft einfacher, das Haar feucht zu kämmen und zu bürsten als im trockenen Zustand. Bei kaltem Wetter beginnen Sie am besten erst nach einem ausgiebigen Spaziergang mit dem Bad. So kann der Hund anschließend im warmen Haus bleiben. ●

***Welpen** sollte man nur im „Notfall" baden.*

SMART

Pflegeprodukte

- **Am besten** ist ein rückfettendes Hundeshampoo. Es gibt für jeden Felltyp Spezialprodukte, fragen Sie im Hundesalon oder beim Züchter. Babyshampoo kann man im Notfall benutzen.
- **Beim Tierarzt** gibt es medizinisches Shampoo, es wird bei Hautkrankheiten verordnet.

Welpen und Senioren

Bei Hunden ist es wie bei allen anderen Tieren (und Menschen): Als Babies sind sie zum Anbeißen und riechen von Natur aus einfach „lecker", im fortgeschrittenen Alter bedarf es meist einiger unterstützender Maßnahmen, um gepflegt und angenehm in Erscheinung zu treten und sich auch so zu fühlen.

Welpen sind eigentlich pflegeleicht: Die Milchzähnchen blütenweiß, das Welpenfell kurz oder flauschig wie ein Küken, sind sie rundum einfach „dufte". Welpen brauchen nicht gebadet zu werden – außer, sie haben sich komplett durch einen Misthaufen gewühlt. Aber: Was Hündchen nicht lernt, lernt Hund nimmermehr! Vor allem, wenn sie sich einen Welpen einer pflegeintensiven Rasse mit üppigem Langhaar, zum Beispiel einen Afghanen, zugelegt haben, sollten Sie ihn beizeiten an die Pflegerituale gewöhnen, um später nicht mit dem ausgewachsenen Hund kämpfen zu müssen. Anfangs genügen ein paar Minuten mit einer weichen Babybürste. Beenden Sie die Übungseinheiten stets mit einem Spiel, einer kleinen Belohnung oder Streicheleinheiten. Steigern Sie die Übungsdauer allmählich. Wenn der Junghund zwischen dem sechsten und neunten Lebensmonat in den Fellwechsel kommt, müssen Sie mit dem „richtigen" Bürsten beginnen, da gerade in dieser Phase das Fell besonders zum Verfilzen neigt. Gewöhnen Sie Ihren Welpen auch frühzeitig daran, sich die Augen, Ohren und Pfoten kontrollieren und reinigen zu lassen. Das erleichtert nicht nur die Pflege, sondern auch tierärztliche Untersuchungen und Sitzungen beim Friseur ungemein.

„Graue Schnauzen" genießen die Extra-Pflege.

Ältere Semester

Wann ein Hund alt ist, lässt sich nicht mit einer Formel errechnen. Je nach Rasse, Größe und individueller Veranlagung können erste Alterserscheinungen bereits mit fünf oder erst mit zehn Jahren auftreten. Folgende Punkte benötigen beim „reifen“ Hund besonderer Pflege:

▸ **Das Fell** kann stumpf, schuppig oder talgig werden. Lassen Sie beim Tierarzt abklären, ob eventuell eine Erkrankung vorliegt und besprechen Sie mit ihm, ob vielleicht eine Futterumstellung oder ein Futterzusatz sinnvoll wäre. In Extremfällen hilft ein Bad mit medizinischem Spezialshampoo.

▸ **Krallen** älterer Hunde können länger sein als früher. Kontrollieren Sie vor allem Daumen- und Afterkrallen regelmäßig, um ein Einwachsen zu verhindern.

▸ **Zahnstein und Zahnfleischentzündungen** sind oft ein Problem älterer Hunde. Bei unangenehmem Maulgeruch stellen Sie Ihren Hund dem Tierarzt vor. Manchmal kann auch eine faule Zahnwurzel die Ursache sein.

▸ **Die Augen** können trüb werden (Altersstar), bei Veränderungen heißt es auf jeden Fall: Ab zum Tierarzt!

▸ **Hautveränderungen** wie Alterswarzen, entzündete Talgdrüsen oder Tumoren fallen bei der täglichen Körperpflege schnell auf und können rasch tierärztlich abgeklärt werden. Gutartige Veränderungen müssen nur entfernt werden, wenn sie den Hund beeinträchtigen.

Langhaarwelpen sehen oft aus wie flaumige Küken.

SMART

Unangenehmen Geruch bekämpfen

- **„Nasser Hund-Geruch“:** Bürste mit Edelstahlborsten (z. B. Zilopet®)
- **Zahnstein:** Zahnsanierung beim Tierarzt, vorbeugende Pflege (s. S. 22f.)
- **Blähungen:** Futterumstellung, ggf. Kotuntersuchung
- **„Schweißfüße“:** leider meist hartnäckig! Haare zwischen den Ballen kurz halten und ab und zu ein Fußbad mit Salbeitee helfen etwas.

Infoecke

Bildquellen

animals-digital/Th. Brodmann: Seite 9(Mitte u.), 13,(2), 17
Czolgoszewski, Martina: Seite 11, 12, 15, 18, 22, 23, 25, 38, 43, 48, 50, 55, 56, 65 (o.l.)
Fotonatur.de/Tanja Askani: Seite 52
Juniors Bildarchiv/Foto Gorski: Seite 32
Juniors Bildarchiv/U. Schanz: Seite 40
Schmidt-Röger, Heike: Umschlagbild, Seite 2/3, 4/5, 8(4), 9(o., u.), 10, 14, 21, 26/27, 29, 36(r.), 46/47, 49, 51, 53, 58, 64, 65(3)
Tierfotoagentur/R. Richter: Seite 19, 33(r.), 37(r.)
Tierfotoagentur/S. Starick: Seite 33(l.), 35(r.), 59
Tierfotoagentur/D. Baum: Seite 39
Tierfotoagentur/T. Bauer: Seite 42
Tierfotoagentur/A. Mirsberger: Seite 57
Widmann, Karl-Heinz: Seite 37(l.)
www.schanz-fotodesign: Seite 16, 20, 34, 36(l.), 45
www.zoonar.de: 7, 9(Mitte o.), 17, 31, 35(l.), 41(3

Making Of

- **Die Autorin** Dr. med. vet. Anna Laukner ist als Tierärztin im In- und Ausland tätig. Sie hat zahlreiche Artikel und Bücher rund um Heimtiere verfasst.

- **Der Verlag und die Autorin** danken Frau Manuela Schmoll von Modern Groom für ihre fachliche Beratung.

Literatur

- **Kneissler, N.: Glücklicher Hund!** Das 10-Punkte-Programm für Gesundheit und Wohlbefinden mit vielen Tipps zu Spiel, Spaß und Sport. Verlag Eugen Ulmer, 2007.
- **Ohl, F.: Körpersprache des Hundes.** Verlag Eugen Ulmer, 2006.
- **Schmidt-Röger, H.:** Das große Ulmer Hundebuch. Verlag Eugen Ulmer, 2008.

Adressen

- **Verband für das Deutsche Hundewesen e.V. (VDH)**
Westfalendamm 174
44141 Dortmund
www.vdh.de
(hier erfahren Sie die Adressen der einzelnen Rasseclubs

- **Fédération Cynologique Internationale (FCI)**
Place Albert 1er, 13
6530 Thuin
Belgien
www.fci.be
(hier finden Sie alle Rassestandards)

Impressum

Bibliografische Information der Deutschen Nationalbibliothek
Die Deutsche Nationalbibliothek verzeichnet diese Publikation in der Deutschen Nationalbibliografie; detaillierte bibliografische Daten sind im Internet über http://dnb.d-nb.de abrufbar.

Wollgrasweg 41, 70599
Stuttgart (Hohenheim)
E-Mail: info@ulmer.de
Internet: www.ulmer.de

Lektorat: Adina Lietz, Antje Springorum
Umschlag- und Innengestaltung: X-Design, München
DTP: juhu media, Susanne Dölz, Bad Vilbel
Druck und Bindung: Litotipografia-editrice Alcione, Trento
Printed in Italy
ISBN 978-3-8001-5795-2

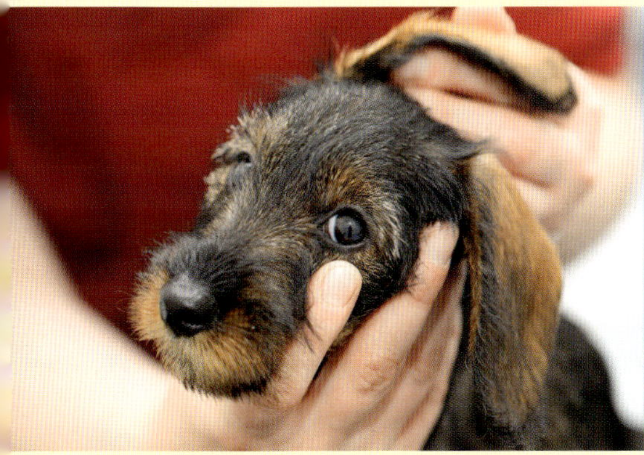

Infoecke

Internet

- **www.mayr-meyer.de** (Pulipflege)
- **http://homepage.ruhr-uni-bochum.de/maik-borris.luedemann/Pflege.html** (Afghanenpflege)
- **www.beautyfulcats.de**
- **www.hundesalon.org**
- **manus-hundesalon.de**
- **www.traumgeschirr.de** (Geschirre, Halsbänder, Leinen)

(Hinweis: Der Eugen Ulmer Verlag ist nicht für den Inhalt von Links verantwortlich)

Haftung

Für Ihr Heimtier tragen Sie selbst die Verantwortung. Die in diesem Buch enthaltenen Empfehlungen und Angaben sind von der Autorin mit großer Sorgfalt zusammengestellt und geprüft worden. Eine Garantie für die Richtigkeit der Angaben kann aber nicht gegeben werden. Die Autorin und der Verlag übernehmen keinerlei Haftung für Schäden und Unfälle.

Register

SPEZIAL

Kluge Tipps für SMART-KIDS

Schlaue Extras

Bestimmt macht es auch dir Spaß, bei der Hundepflege zu helfen! Hier findest du ein paar Anregungen dazu.

Stell dir vor, du würdest dich nie waschen, die Zähne nicht putzen und die Haare nicht bürsten ... Ganz bestimmt würdest du dich nach kurzer Zeit schon nicht mehr wohl fühlen. Genauso geht es auch deinem Hund, wenn man sich nicht um seine Pflege kümmert. Auch er muss gebürstet, gesäubert und ab und zu gewaschen werden! Um die Hundepflege kümmern sich die Erwachsenen, und das ist auch gut so. Du kannst aber deinen Eltern bestimmt dabei helfen und viel Spaß haben!